# 益本佳肴

王庆信 著

益本佳肴

山东城市出版传媒集团·济南出版社

图书在版编目（CIP）数据

益本佳肴 / 王庆信著 . -- 济南 : 济南出版社 ,
2023.8
ISBN 978-7-5488-5841-6

Ⅰ . ①益… Ⅱ . ①王… Ⅲ . ①菜谱 Ⅳ .
① TS972.12

中国国家版本馆 CIP 数据核字 (2023) 第 151282 号

**责任编辑** 于丽霞
**封面设计** 谭　正
**版式设计** 张　倩
**出版发行** 济南出版社
**地　　址** 山东省济南市二环南路 1 号（250002）
**编辑热线** 0531-86131741
**发行热线** 0531-67817923 86922073 68810229
**印　　刷** 济南继东彩艺印刷有限公司
**版　　次** 2023 年 8 月第 1 版
**印　　次** 2023 年 8 月第 1 次印刷
**成品尺寸** 210mm × 285mm 16 开
**印　　张** 15.25
**字　　数** 10 千
**定　　价** 146.00 元

# 序　言

中国烹调文化历史悠久，是中华民族璀璨文化的重要组成部分。笔者总结 40 多年来对烹调行业的初心和研究，终成此稿。30 年的军旅生涯，铸就了笔者精益求精的性格。于笔者而言，书中的每一道菜肴都是亲力亲为，每一种用料都是精挑细选，每一份菜谱都是用心斟酌，每一幅图片都是优中选优。书中菜谱坚持“以味为本，至味为上”，选料自然健康，搭配恰到好处，图案构思巧妙，造型赏心悦目。菜品力求保持食材的原有营养，突出菜肴的营养均衡。本书将菜品制作流程详尽展现给读者，对于烹调初学者来说是一部难得的教材。笔者希望在传承烹调文化的同时，为当代烹调爱好者研究创制新菜品、制作营养丰富的美味佳肴带来启发。书中表述内容的形式，不追潮流时尚，保持本真易懂。感谢济南出版社所有工作人员的辛苦付出，感谢家人对我的支持和鼓励。限于笔者个人水平，书中难免出现疏误，敬请指正。

王庆信

# 目 录

## 艺术类

## 海鲜类

## 肉 类



## 禽蛋类

## 荤素类

艺术类
YI SHU LEI

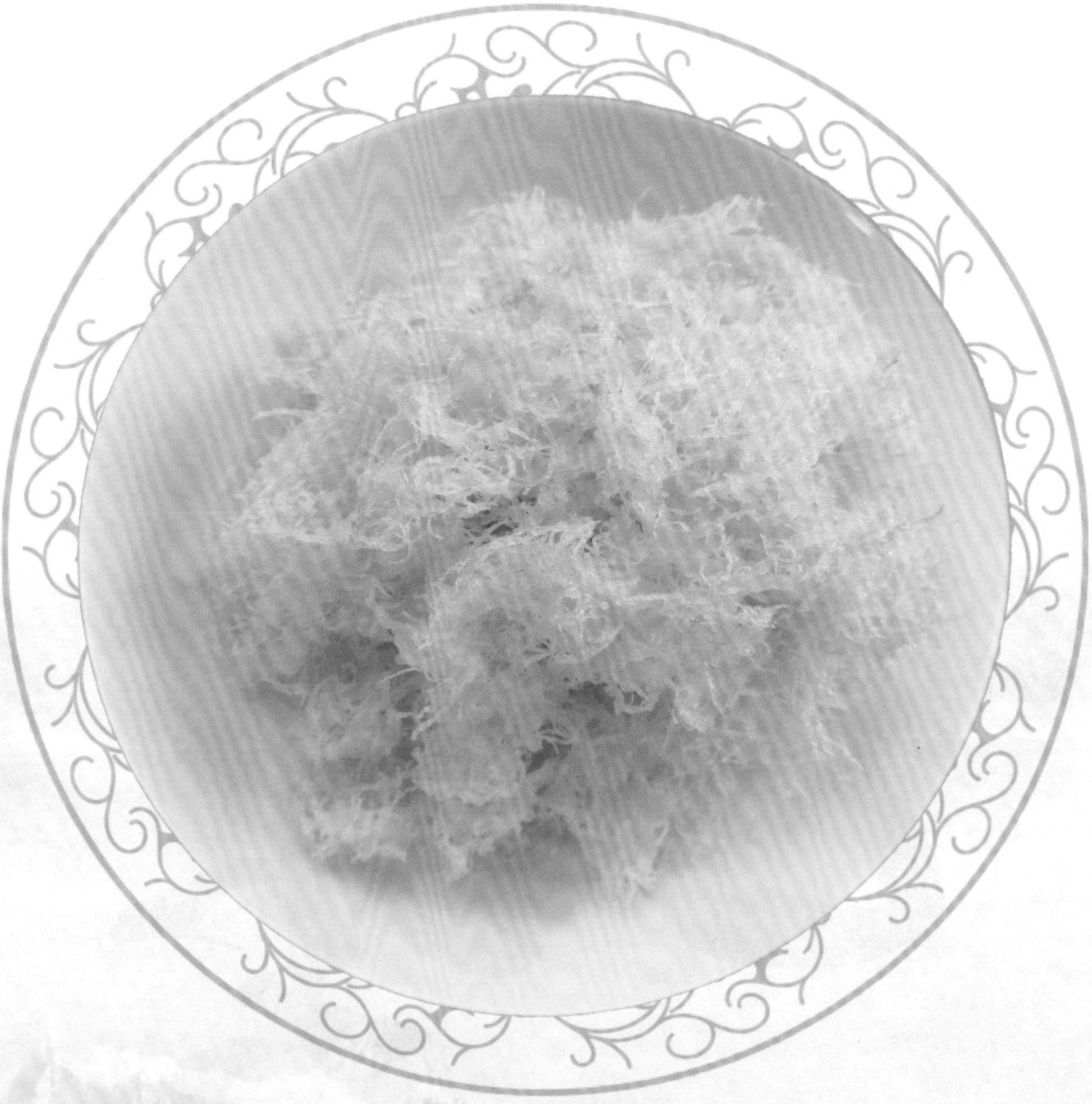

## 香酥土豆松

**主料：**鲜土豆 1200 克

**调料：**花生油，番茄沙司，白糖

## 群龙戏珠

**主料：**海捕鲜大虾 600 克

**配料：**嫩菠菜叶 200 克，鲜水果萝卜 100 克，鲜胡萝卜 100 克

**调料：**葱姜，盐，味精，白糖，料酒，花生油

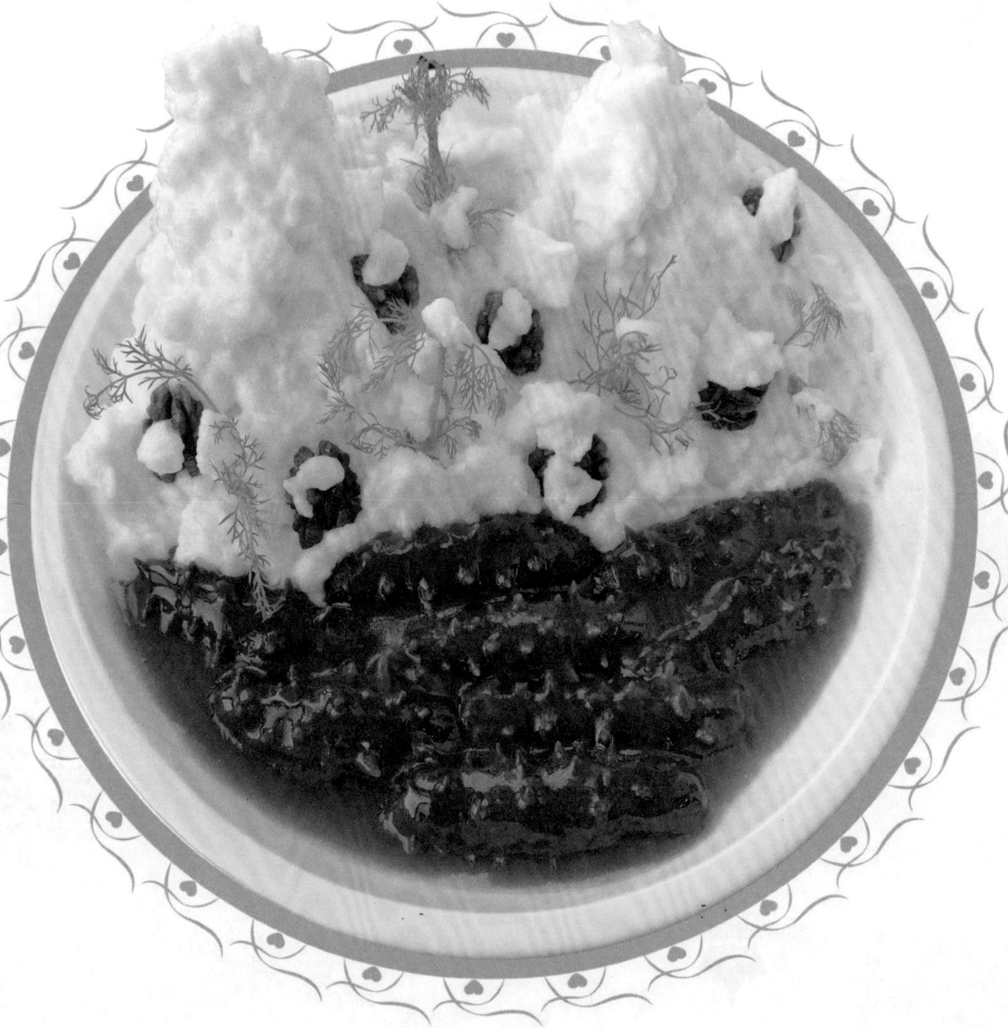

## 雪中送炭

**主料**：水发海参 900 克，酱牛肉 800 克，鲜鸡蛋 10 个

**配料**：熟核桃仁 200 克，小茴香苗 100 克

**调料**：葱姜，八角，盐，味精，白糖，老抽，生抽，淀粉，花生油

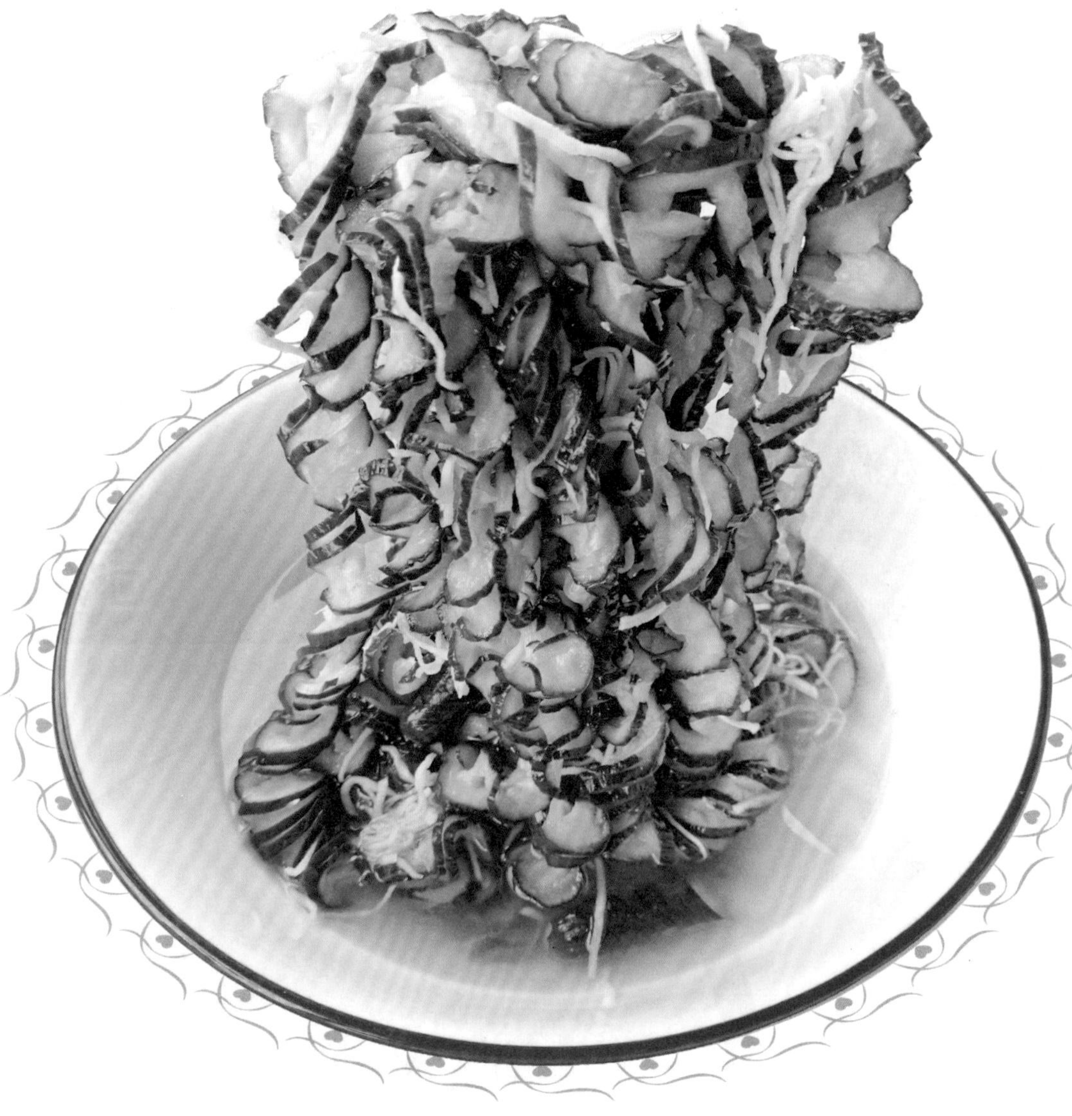

## 蓑衣黄瓜

**主料：** 鲜嫩细长黄瓜 2000 克

**调料：** 花盐，生姜，白糖，白醋

## 火烧冰激凌

**主料：**冰激凌粉 200 克，纯牛奶 1000 克，高度白酒 100 克

## 拔丝冰糕

**主料：**纯牛奶 150 克，糯米粉 100 克，白糖 150 克

**配料：**熟白芝麻 12 克

**调料：**白糖，鸡蛋，干淀粉，干面粉，花生油

## 母子情

**主料：**嫩母鸡 1 只 1100 克，鲜鸡脯肉 300 克，去皮熟鸡蛋 13 个，花椒粒 26 粒，鲜胡萝卜 100 克，嫩生菜叶 100 克

**调料：**白糖，盐，味精，白酒，老抽，生抽，鸡蛋，淀粉，葱姜，花椒，八角，香叶，陈皮，桂皮，丁香，沙仁，小茴香，花生油

## 一虾三吃

**主料：**海捕鲜大虾 12 只

**配料：**嫩苦菊叶 100 克

**调料：**葱姜，盐，味精，料酒，白糖，白胡椒粉，鸡蛋，淀粉，面粉，花生油

## 红扒猴头菇

**主料：**干猴头菇 2 个 80 克，黑豆 4 粒

**配料：**鲜鸡 500 克，鲜鸭 500 克

**调料：**葱姜，八角，花椒，香叶，陈皮，白糖，盐，味精，料酒，生抽，老抽，淀粉，花生油

## 海参鲍鱼南瓜盅

**主料：**鲜南瓜 1 个 2200 克，水发海参 600 克，活鲍鱼肉 600 克，鲜肉末 200 克

**调料：**葱姜，盐，味精，老抽，生抽，料酒，高汤，白糖，淀粉，花生油

## 一卵孵双凤

**主料：**鲜鸽子 2 只，红皮南瓜 1 个

**调料：**白糖，盐，味精，生抽，葱姜，八角，香叶，陈皮，干辣椒段，花生油

## 鸭梨鸡腿

**主料：**鲜鸡腿 800 克

**配料：**咸面包渣 200 克，鲜鸡蛋 5 个，嫩苦菊叶 30 克

**调料：**葱姜，盐，味精，花椒，香叶，陈皮，小茴香，淀粉，花生油

## 双孔雀

**主料：** 鲜大虾 2 只，鲜鸡脯肉 250 克，去皮熟鸽子蛋 250 克，咸面包片 150 克，嫩菜心 300 克，鲜嫩苦菊心 300 克，枸杞 50 克

**调料：** 葱姜，盐，味精，料酒，香油，花椒，鸡蛋，淀粉，花生油

## 一家亲

**主料：** 活鸽子 2 只，鲜大虾 3 只，鲜鸡脯肉 200 克，鲜鸽子蛋 260 克，嫩菠菜叶 200 克，嫩苦菊 200 克，鲜胡萝卜 100 克，花椒粒 6 粒

**调料：** 葱姜，盐，味精，白糖，白酒，老抽，生抽，花椒，八角，香料，陈皮，桂皮，丁香，沙仁，小茴香，鸡蛋，淀粉，花生油

## 梅雪柿椒

**主料**：鲜柿椒 4 个，鲜中虾 600 克，鲜鸡蛋 500 克

**配料**：青红辣椒 60 克

**调料**：葱姜，盐，味精，白胡椒粉，淀粉，花生油

## 子孙闹海

**主料**：鲜墨鱼 1500 克，大中小匀等

**配料**：鲜五花肉 100 克

**调料**：葱姜，盐，味精，白胡椒粉，淀粉，花生油

## 菠萝蜂窝肚

**主料：** 鲜完整牛蜂窝肚 1 个，鲜里脊肉 800 克，活鲍鱼肉 300 克，水发香菇 100 克，嫩罗汉笋尖 100 克，嫩苦菊叶 80 克

**调料：** 葱姜，花椒，香叶，盐，味精，料酒，白醋，生抽，香油，白胡椒粉，淀粉

## 菊花鱼

**主料：** 活草鱼 1500 克

**配料：** 嫩香菜叶 30 克

**调料：** 葱姜，白糖，番茄酱，红醋，白醋，生抽，干淀粉，花生油

## 荷花西红柿

**主料：** 鲜西红柿 6 个

**配料：** 嫩油菜叶 80 克

**调料：** 白糖 100 克

## 蜜瓜捞饭

**主料：** 鲜哈密瓜 1 个 2300 克，黑糯米 400 克，草莓干 100 克，葡萄干 100 克，腊肉丁 100 克，冰糖 150 克

**调料：** 白糖，蜂蜜，淀粉，花生油

## 河蟹戏水

**主料**：水发大香菇6个，水发大海米48个，鲜鸡脯肉250克，鲜胡萝卜200克

**配料**：熟核桃仁200克，油炸细粉丝50克，嫩菠菜叶150克

**调料**：葱姜，盐，味精，鸡蛋，淀粉，花生油

## 群龙闹海

**主料**：海捕虾1200克

**配料**：核桃仁200克，干粉丝50克，嫩苦菊50克

**调料**：葱姜，白糖，盐，味精，料酒，花生油

## 松鼠桂鱼

**主料：**活桂鱼 1300 克

**配料：**黑豆 2 个

**调料：**番茄酱，白糖，红醋，葱姜，淀粉，花生油

## 肉贝捞饭

**主料：**活肉贝 900 克，大米 100 克，嫩菠菜丝 200 克

**配料：**嫩油菜心 200 克，枸杞 30 克

**调料：**生姜，盐，味精，红醋，香油，花生油

## 百鸟朝凤

**主料：**鲜鸽子 1 只，鲜大虾 11 只，鲜虾仁 600 克，鲜胡萝卜 200 克，花椒粒 22 粒

**配料：**嫩苦菊 200 克

**调料：**葱姜，盐，味精，料酒，白糖，白酒，白胡椒粉，老抽，生抽，鸡蛋，淀粉，花生油，八角，花椒，香叶，陈皮，桂皮，丁香，沙仁，小茴香

## 九转大肠

**主料：**鲜大肠头 1200 克

**配料：**嫩香菜末 20 克

**调料：**白糖，沙仁面，肉桂面，红醋，盐，味精，葱姜，香叶，花生油

## 玉兔一家亲

**主料：**鲜大虾13只，鲜鸡脯肉400克，鲜鸽子蛋300克，嫩油菜心400克，鲜胡萝卜80克

**调料：**葱姜，盐，味精，料酒，鸡蛋，香油，淀粉，花椒，香叶，花生油

## 雪山藏宝

**主料：**水发海参800克，活鲍鱼800克，人参1棵，虫草30克，酱牛肉800克，鲜鸡蛋10个

**配料：**熟核桃仁200克，小茴香苗100克

**调料：**葱姜，八角，盐，味精，料酒，老抽，生抽，白糖，淀粉，花生油

## 孔雀虾

**主料：**鲜大虾 1 只，鲜虾仁 700 克，咸面包片 500 克，鲜苦菊 300 克，枸杞 60 克

**调料：**葱姜，花椒，白胡椒粉，盐，味精，料酒，鸡蛋，淀粉，花生油

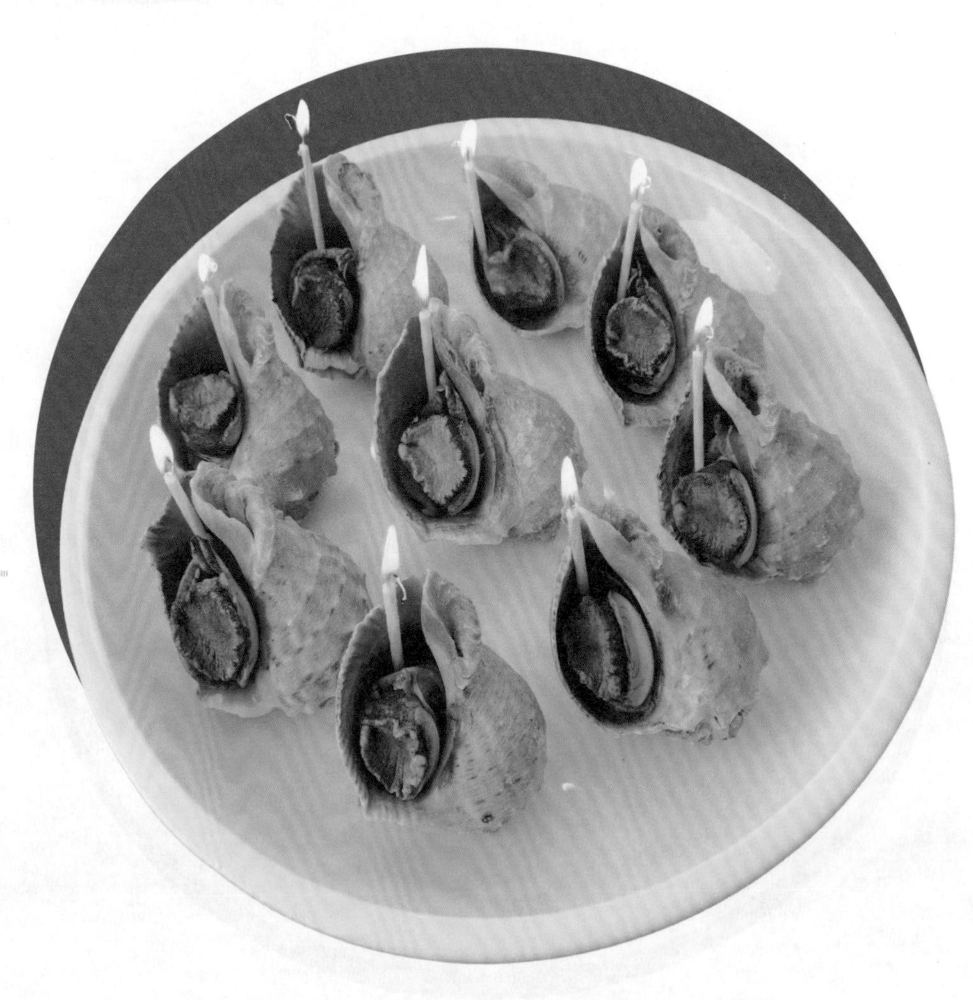

## 明火海螺

**主料：**活海螺 2200 克

**配料：**食用蜡烛 9 根

**调料：**生姜，红醋，香油

## 鸡排芝麻香

**主料：** 鲜鸡翅根 400 克，白芝麻 120 克

**配料：** 嫩香菜叶 50 克，枸杞 15 克

**调料：** 葱姜，盐，味精，料酒，淀粉，花生油

## 胡萝卜肉

**主料：** 鲜里脊肉 600 克，咸面包渣 250 克，嫩苦菊 90 克

**调料：** 生姜，盐，味精，鸡蛋，淀粉，花生油

## 带子上朝

**主料**：活甲鱼 1500 克，鲜鸡腿 300 克

**调料**：葱姜，八角，香叶，白糖，盐，味精，生抽，料酒，淀粉，花生油

## 两吃凤尾虾

**主料**：鲜中虾 700 克，鲜虾仁 600 克，咸面包片 400 克

**配料**：水发香菇 60 克，嫩菜心 50 克

**调料**：葱姜，盐，味精，料酒，白醋，白胡椒粉，淀粉，花生油

## 蓑衣水萝卜

**主料：**鲜嫩细长水萝卜 2000 克

**调料：**盐，生姜，白醋，白糖

## 甜甜蜜蜜

**主料：**鲜甜瓜 2 个 3200 克，火龙果 300 克，鲜蜜桃 300 克

**调料：**冰糖，桂花酱，花生油

## 蜜汁南瓜盅

**主料：**鲜南瓜1个2000克，蜜枣200克，果脯200克，草莓干200克，葡萄干200克，苹果干200克，蜂蜜50克，白糖200克

**配料：**熟白芝麻12克，青红辣椒丁20克

**调料：**白糖，蜂蜜，淀粉，花生油

## 二龙戏珠

**主料：**水发海参300克

**配料：**嫩菠菜叶200克，鲜水果萝卜100克，鲜胡萝卜100克

**调料：**葱姜，八角，盐，味精，料酒，老抽，生抽，白糖，淀粉，花生油

## 海参肘子

**主料：**水发海参800克，鲜带皮肘子1300克

**调料：**葱姜，花椒，八角，香叶，丁香，盐，味精，蚝油，酱油，老抽，生抽，白糖，淀粉，花生油

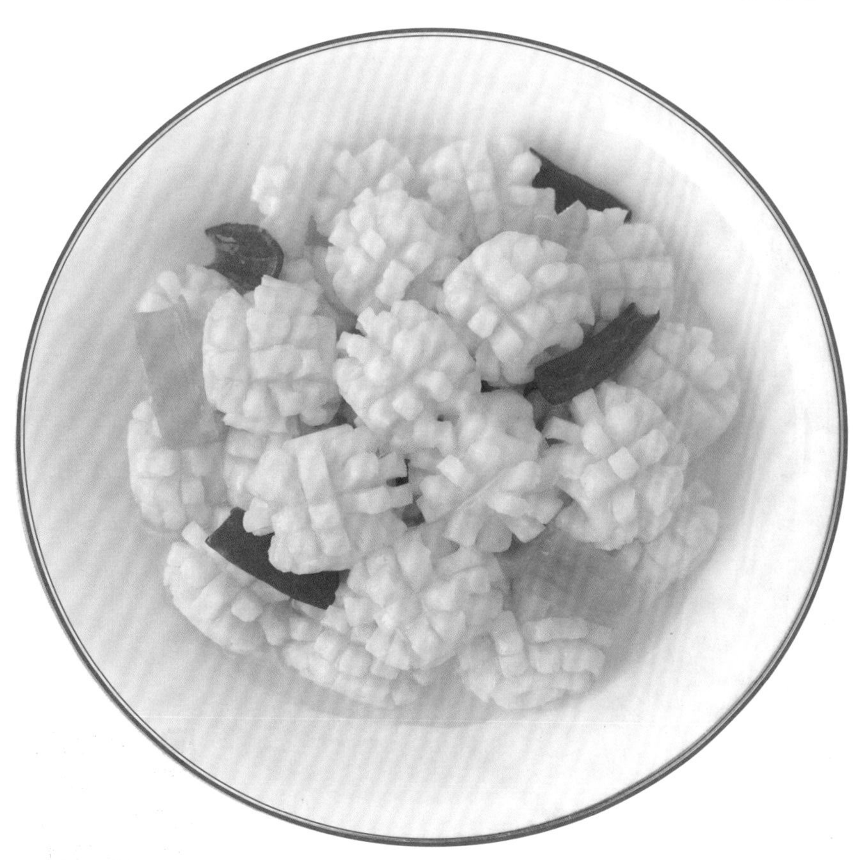

## 辣爆鱿鱼花

**主料：**鲜鱿鱼身1000克

**配料：**青红辣椒60克

**调料：**葱姜，盐，味精，料酒，白醋，白胡椒粉，淀粉，花生油

## 霸王别姬

**主料**：活甲鱼 1 只 800 克，小嫩母鸡 1 只 800 克，人参 1 棵

**配料**：大红枣 80 克，枸杞 20 克，嫩菜心 30 克

**调料**：葱姜，盐，味精，料酒

## 风味香菇

**主料**：水发香菇 300 克，鲜鸡脯肉 300 克

**配料**：青红辣椒 60 克

**调料**：葱姜，盐，味精，鸡蛋，淀粉

## 珍珠烧麦

**主料：** 鲜鸡蛋 10 个，鲜虾仁 300 克，鲜贝丁 200 克，干花生米 500 克

**配料：** 青红辣椒 60 克，水泡粉丝 30 克

**调料：** 葱姜，盐，味精，料酒，白醋，香油，鸡蛋，淀粉，花生油

## 水晶虾仁

**主料：** 鲜大虾仁 800 克

**配料：** 青红辣椒丁 20 克

**调料：** 葱姜，高汤，鸡蛋，盐，味精，料酒，明油，淀粉，花生油

## 梅雪海螺

**主料：**活海螺 1500 克，鲜鸡蛋 6 个

**配料：**青红辣椒末 50 克，嫩苦菊叶 80 克

**调料：**葱姜，盐，味精，料酒，白胡椒粉，香油，淀粉，花生油

## 鲍鱼捞饭

**主料：**活鲍鱼 1000 克，大米 100 克，嫩菠菜叶 200 克

**配料：**嫩油菜心 200 克，枸杞 30 克

**调料：**葱姜，盐，味精，料酒，香油，高汤，淀粉，花生油

## 猴头菇水晶虾

**主料：**鲜大虾 12 只，干猴头菇 60 克，鲜虾仁 300 克，鲜鸡腿 260 克

**调料：**葱姜，盐，味精，料酒，甜面酱，生抽，鸡蛋，淀粉，花生油

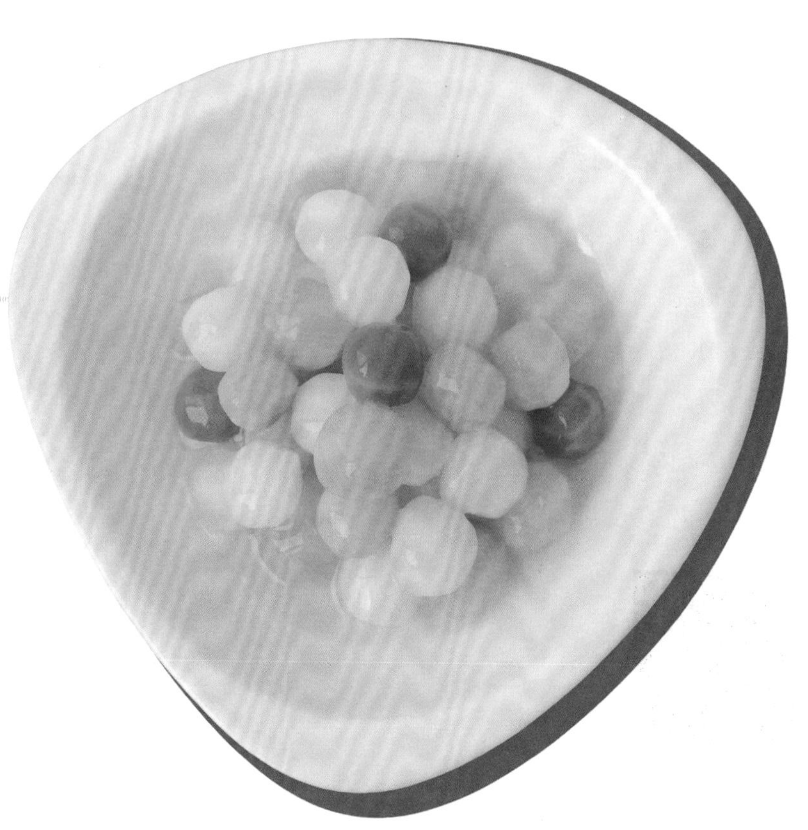

## 珍珠萝卜球

**主料：**鲜青萝卜 400 克，白萝卜 400 克，胡萝卜 400 克

**配料：**鲜肘子骨 600 克，鲜鸡 500 克，鲜鸭 500 克

**调料：**葱姜，盐，味精，明油，淀粉

## 滋补海参

**主料：**水发海参 800 克，鲜嫩母鸡 800 克，人参 1 棵

**配料：**大红枣 30 克，枸杞 25 克，嫩菜心 30 克

**调料：**葱姜，盐，味精

## 蝴蝶起舞

**主料：**鲜大虾 13 只，鲜鸡脯肉 300 克

**配料：**水发香菇 120 克，花椒粒 26 粒，嫩苦菊叶 200 克

**调料：**葱姜，盐，味精，料酒，鸡蛋，淀粉

## 八宝布袋鸡

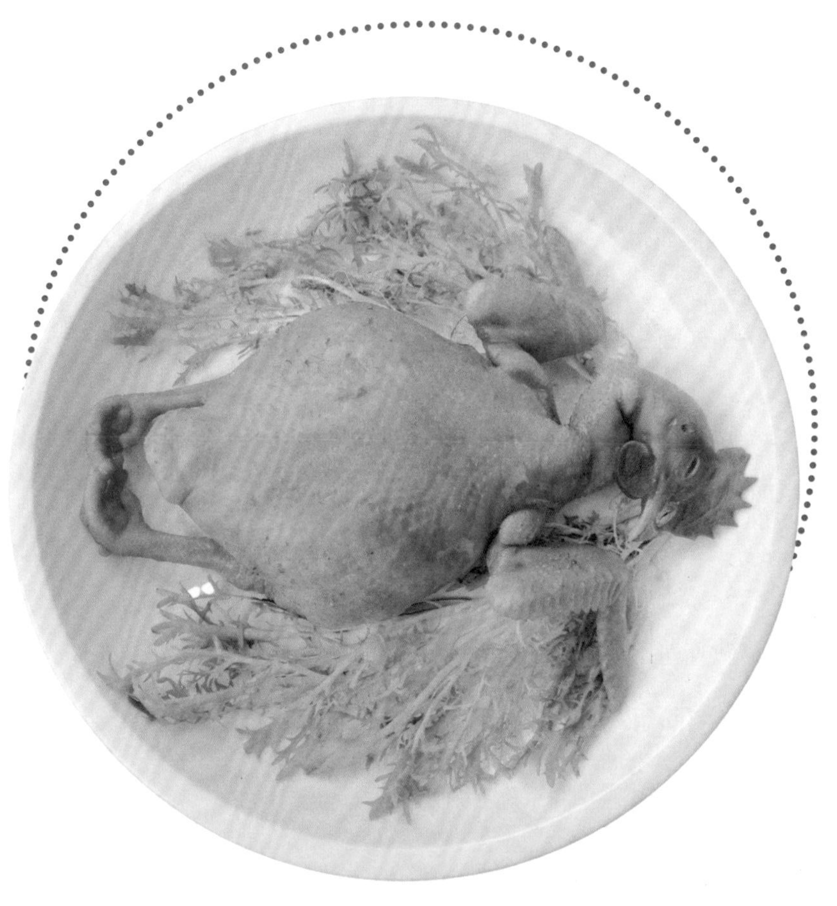

**主料：** 嫩母鸡 1 只 1200 克，完整无破口

**配料：** 水发海参 60 克，活鲍鱼肉 60 克，水发干贝丁 60 克，鲜虾仁 50 克，鲜里脊肉 50 克，水发猪蹄筋 50 克，水发香菇 50 克，湿糯米 50 克，嫩苦菊叶 200 克

**调料：** 葱姜，盐，味精，料酒，老抽，生抽，香油，白胡椒粉，花椒，香叶，陈皮

## 糖醋鲤鱼

**主料：** 活鲤鱼 1000 克

**调料：** 大蒜瓣，白糖，红醋，酱油，干淀粉，花生油

## 荷花青蛙

**主料：**鲜西红柿 6 个，鲜鸡脯肉 500 克，嫩黄瓜 300 克，胡萝卜 60 克，黑豆 22 粒

**配料：**嫩油菜叶 100 克

**调料：**生姜，盐，味精，香油，鸡蛋，淀粉，白糖

## 海螺鱿鱼卷

**主料：**活海螺 2000 克，鲜鱿鱼身 400 克

**配料：**水发香菇 60 克，小儿菜 60 克

**调料：**葱姜，盐，味精，料酒，香油，红醋，白胡椒粉，淀粉，花生油

## 梅雪海参鹅蛋盅

**主料**：水发海参 500 克，鲜大鹅蛋 8 个，鲜鸡蛋 6 个，鲜肉末 100 克

**配料**：鲜青红辣椒末 100 克

**调料**：葱姜，盐，味精，料酒，老抽，生抽，淀粉，花生油

## 蓑衣萝卜

**主料**：鲜嫩细长水果萝卜 2000 克

**调料**：盐，生姜，白醋，白糖

## 风味海参

**主料：**水发海参 1300 克

**配料：**大蒜泥 50 克，辣椒酱 30 克

**调料：**葱姜，味极鲜，辣椒油，盐，味精，料酒，香油，生抽，淀粉，花生油

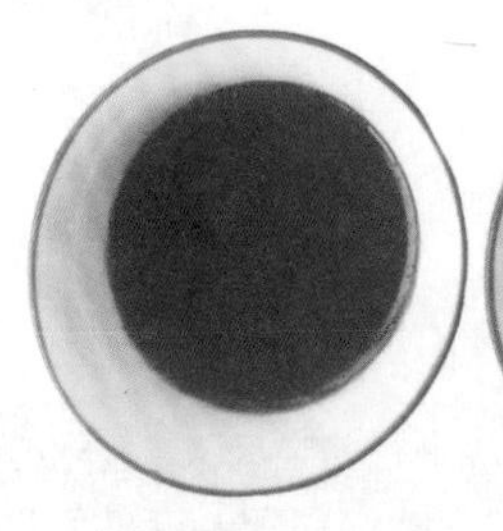

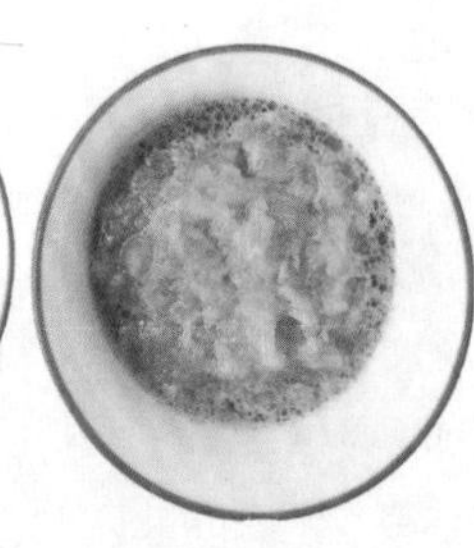

## 玉兔聚会

**主料：**鲜大虾 13 只，鲜虾仁 400 克，鲜鸡脯肉 400 克，咸面包渣 200 克，嫩油菜心 300 克，嫩苦菊 50 克，鲜胡萝卜 80 克

**调料：**葱姜，盐，味精，料酒，香油，鸡蛋，淀粉，花生油

## 鲍鱼肘子

**主料：**活鲍鱼 1000 克，带皮猪肘 1200 克

**调料：**葱姜，八角，花椒，香叶，丁香，蚝油，盐，味精，料酒，酱油，生抽，淀粉，花生油

## 拔丝西瓜

**主料：**鲜黑皮西瓜 1 个 2500 克

**调料：**白糖，鸡蛋，淀粉，面粉，花生油

## 什锦柿椒

**主料：** 鲜柿椒 4 个，水发海参 200 克，活鲍鱼肉 200 克，鲜中虾肉 200 克，鲜里脊肉 100 克，水发香菇 60 克，去皮花生米 60 克

**调料：** 葱姜，盐，味精，料酒，红醋，生抽，香油，白胡椒粉，淀粉，花生油

## 团团圆圆

**主料：** 活甲鱼 2 只，鲜鸡块 400 克，鲜鸽子蛋 300 克

**调料：** 白糖，盐，味精，料酒，生抽，葱姜，八角，香叶，淀粉，花生油

## 龙凤呈祥

**主料：**鲜海捕大虾 800 克，鲜鸽子 1 只

**调料：**盐，味精，白糖，料酒，老抽，生抽，白酒，葱姜，八角，花椒，桂皮，陈皮，丁香，沙仁，小茴香，花生油

## 百鸟凤尾虾

**主料：**鲜中虾 700 克，鲜鸡蛋 10 个，鲜鸡脯肉 400 克，鲜胡萝卜 100 克，黑豆 20 粒

**配料：**鲜油菜心 200 克，水发香菇 100 克

**调料：**葱姜，盐，味精，料酒，白醋，白胡椒粉，香油，鸡蛋，淀粉，花生油

## 海参雪丽虾

**主料：**水发海参 800 克，鲜中虾 400 克，鲜鸡脯肉 250 克，鲜鸡蛋 9 个

**配料：**青红辣椒 80 克

**调料：**葱姜，白胡椒粉，盐，味精，料酒，淀粉，花生油

## 金鱼蜂窝肚

**主料：**鲜完整牛蜂窝肚 1 个，鲜鸡脯肉 600 克，鲜中虾肉 600 克，水发香菇 150 克，嫩苦菊 100 克，嫩黄瓜蒂 60 克

**调料：**葱姜，花椒，香叶，盐，味精，料酒，白醋，香油，白胡椒粉，淀粉

## 冬瓜花篮

**主料**：鲜冬瓜 1 个 3000 克，鲜肉末 300 克

**配料**：鲜肘子骨 800 克，鲜鸡 600 克，鲜鸭 600 克

**调料**：葱姜，剁椒，盐，味精，生抽，花生油

## 两吃鲜贝

**主料**：活肉贝 900 克，鲜贝丁 400 克

**配料**：油菜心 200 克，枸杞 30 克，青红辣椒 60 克

**调料**：葱姜，盐，味精，料酒，红醋，香油，白胡椒粉，鸡蛋，淀粉，花生油

## 爆炒腰花

**主料：**鲜猪腰子 700 克

**配料：**嫩笋尖 40 克，水发木耳 40 克

**调料：**大蒜瓣，盐，味精，红醋，老抽，生抽，淀粉，花生油

## 油爆原壳海螺

**主料：**活海螺 1500 克

**配料：**嫩苦菊叶 80 克

**调料：**葱姜，盐，味精，料酒，白胡椒粉，鸡蛋，淀粉，花生油

## 子孙满堂

**主料：**鲜鹅蛋2个，鲜鸡蛋10个，鲜鸽子蛋14个

**配料：**黑豆52粒，鲜胡萝卜100克，嫩苦菊叶200克

**调料：**葱姜，花椒，盐，味精，香叶

## 蓑衣胡萝卜

**主料：**鲜嫩细长胡萝卜2000克

**调料：**盐，生姜，白醋，白糖

## 百花大虾

**主料**：海捕鲜大虾 600 克，鲜鸡脯肉 200 克

**配料**：嫩香菜叶 20 克，枸杞 30 克，嫩黄瓜把 100 克，嫩苦菊叶 60 克

**调料**：葱姜，盐，味精，料酒，鸡蛋，淀粉，花生油

## 梅雪鸡排

**主料**：鲜鸡翅根 400 克，鲜鸡脯肉 200 克，鲜鸡蛋 500 克

**配料**：青红辣椒末 60 克，嫩香菜叶 50 克，枸杞 20 克

**调料**：盐，味精，料酒，淀粉

## 肉块烧海参

**主料：** 水发海参 1300 克，鲜颈背肉 700 克

**调料：** 葱姜，八角，花椒，白糖，盐，味精，料酒，生抽，淀粉，花生油

## 鸡块南瓜盅

**主料：** 鲜南瓜 1 个 2000 克，鲜鸡 1300 克

**调料：** 葱姜，花椒，八角，干辣椒段，香叶，蚝油，老抽，生抽，白糖，盐，味精，花生油

## 双色棒子鱼

**主料：** 活草鱼 1500 克

**调料：** 大蒜末，白糖，番茄酱，红醋，生抽，淀粉，花生油

## 清炸鸳鸯蛋

**主料：** 鲜鸡蛋 7 个，鲜鸡脯肉 200 克，鲜虾仁 200 克

**配料：** 嫩苦菊 200 克，枸杞 30 克

**调料：** 生姜，盐，味精，鸡蛋，白胡椒粉，淀粉，花生油

##  蚂蚁爬雪山

**主料：** 酱牛肉900克，鲜鸡蛋9个，鲜肉末400克

**配料：** 嫩小茴香苗100克

**调料：** 葱姜，盐，味精，老抽，生抽，淀粉，花生油

##  炸虾排

**主料：** 鲜大虾800克，鲜鸡脯肉300克

**配料：** 嫩苦菊叶40克，枸杞10克

**调料：** 葱姜，盐，味精，料酒，鸡蛋，淀粉，花生油

## 鲍鱼鱿鱼卷

**主料：**活鲍鱼 1000 克，鲜鱿鱼身 600 克

**配料：**嫩油菜心 200 克，枸杞 30 克

**调料：**葱姜，盐，味精，料酒，香油，白胡椒粉，淀粉，花生油，高汤

## 糖醋蜜瓜花篮排骨

**主料：**鲜哈密瓜 2300 克，鲜肉排 1400 克

**调料：**蒜末，白糖，香醋，生抽，盐，味精，鸡蛋，淀粉，面粉，花生油

## 清蒸宫廷鱼

**主料**：活草鱼 1100 克，鲜鸡脯肉 250 克

**配料**：青红辣椒丁 60 克

**调料**：葱姜，盐，味精，料酒，白胡椒粉，明油，鸡蛋，淀粉

## 清炸双鸽

**主料**：鲜鸽子 2 只 800 克

**调料**：葱姜，八角，花椒，香叶，陈皮，桂皮，丁香，盐，味精，白酒，生抽，花生油

## 孔雀开屏

**主料：**鲜大虾1只，鲜虾仁400克，干腰果100克，嫩油菜心700克，苦菊心60克，枸杞8克

**调料：**葱姜，花椒，盐，味精，香油，鸡蛋，淀粉，花生油

## 养生冬瓜盅

**主料：**鲜冬瓜1个3000克，鲜土鸡1200克，水发海参800克，人参1棵，大红枣120克

**调料：**葱姜，盐，味精

## 珍珠水晶虾

主料：鲜大虾 10 只，鲜鸡脯肉 250 克，干花生米 400 克

配料：青红辣椒 50 克

调料：葱姜，盐，味精，料酒，白醋，香油，鸡蛋，淀粉

## 拔丝金橘

主料：鲜橘子瓣 600 克

配料：熟白芝麻 12 克

调料：白糖，鸡蛋，干淀粉，干面粉，花生油

## 鸽蛋蝴蝶虾

**主料：**鲜大虾 9 只，鲜鸡脯肉 250 克，鲜鸽蛋 200 克，嫩菠菜叶 200 克

**配料：**水发香菇 80 克，花椒粒 18 粒，嫩苦菊叶 50 克

**调料：**葱姜，花椒，盐，味精，料酒，鸡蛋，淀粉，花生油

## 金盅南瓜丸

**主料：**鲜南瓜 1 个 1900 克，鲜小南瓜 250 克，干糯米粉 260 克

**调料：**白糖，桂花酱，淀粉，花生油

## 蓑衣莴苣

**主料：** 鲜嫩细长莴苣 2300 克

**调料：** 盐，生姜，白醋，白糖

## 油淋寸骨

**主料：** 鲜猪寸骨 1200 克

**调料：** 葱姜，花椒，八角，香叶，陈皮，桂皮，小茴香，沙仁，丁香，盐，味精，白糖，白酒，老抽，生抽，花生油

## 荷塘青蛙

**主料**：鲜鸡脯肉 500 克，嫩黄瓜皮 100 克，黑豆 22 粒，胡萝卜 50 克，鲜菠菜叶 200 克，熟核桃仁 400 克，油炸细粉丝 50 克

**调料**：生姜，盐，味精，鸡蛋，淀粉，花生油

## 生吃三文鱼

**主料**：鲜三文鱼肉 600 克

**调料**：辣根，白醋，味极鲜，辣椒油

## 跃龙门

**主料：**水发海参 1300 克，鲜南瓜 1300 克，高汤 1000 克

**调料：**葱姜，八角，盐，味精，料酒，老抽，生抽，糖色，淀粉，花生油

## 芙蓉蝴蝶虾

**主料：**鲜大虾 9 只，鲜鸡脯肉 260 克，鲜鸡蛋 500 克

**配料：**鲜青红辣椒末 30 克，水发香菇 80 克，花椒粒 18 粒，嫩苦菊叶 50 克

**调料：**葱姜，盐，味精，料酒，淀粉，花生油

## 营养海参

**主料**：水发海参 800 克，鲜鸡脯肉 250 克

**配料**：青红辣椒末 60 克

**调料**：葱姜，盐，味精，料酒，鸡蛋，淀粉，花生油

## 玉兔起舞

**主料**：鲜大虾 12 只，鲜虾仁 500 克，鲜胡萝卜 80 克

**配料**：嫩苦菊 150 克，枸杞 30 克

**调料**：葱姜，盐，味精，白胡椒粉，料酒，鸡蛋，淀粉，花生油

## 乌龟蜂窝肚

**主料**：鲜完整牛蜂窝肚 1 个，水发香菇 80 克

**配料**：水发海参 200 克，活鲍鱼肉 5 个，鲜中虾肉 200 克，鲜里脊肉 200 克，嫩罗汉笋尖 100 克，发制好的干贝丁 200 克，发制好的莲子 100 克，糯米 100 克

**调料**：葱姜，花椒，香叶，盐，味精，白糖，料酒，红醋，生抽，白胡椒粉，淀粉，香油，花生油

## 甲鱼回巢

**主料**：鲜甲鱼 2 只，鲜鸡块 300 克，鲜鸽子蛋 300 克，嫩菠菜叶 200 克

**配料**：嫩苦菊 200 克

**调料**：葱姜，花椒，香叶，盐，味精，料酒，花生油

益 | 本 | 佳 | 肴

YI BEN JIA YAO

# HAI XIAN LEI

# 海鲜类

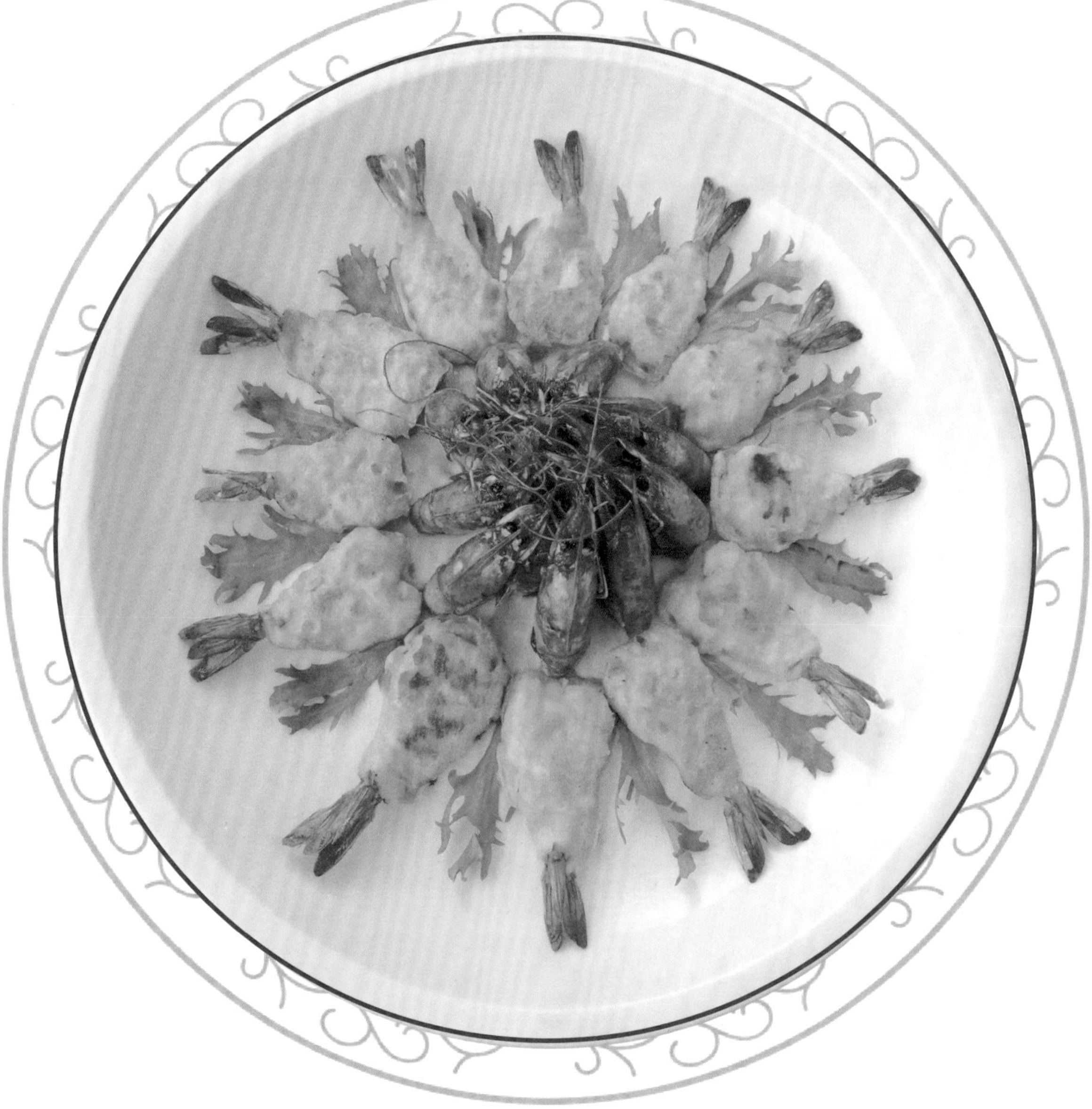

## 一虾两味

**主料：**鲜大虾 12 只

**配料：**嫩苦菊叶 80 克

**调料：**葱姜，盐，味精，料酒，番茄酱，五香粉，鸡蛋，淀粉，面粉，花生油

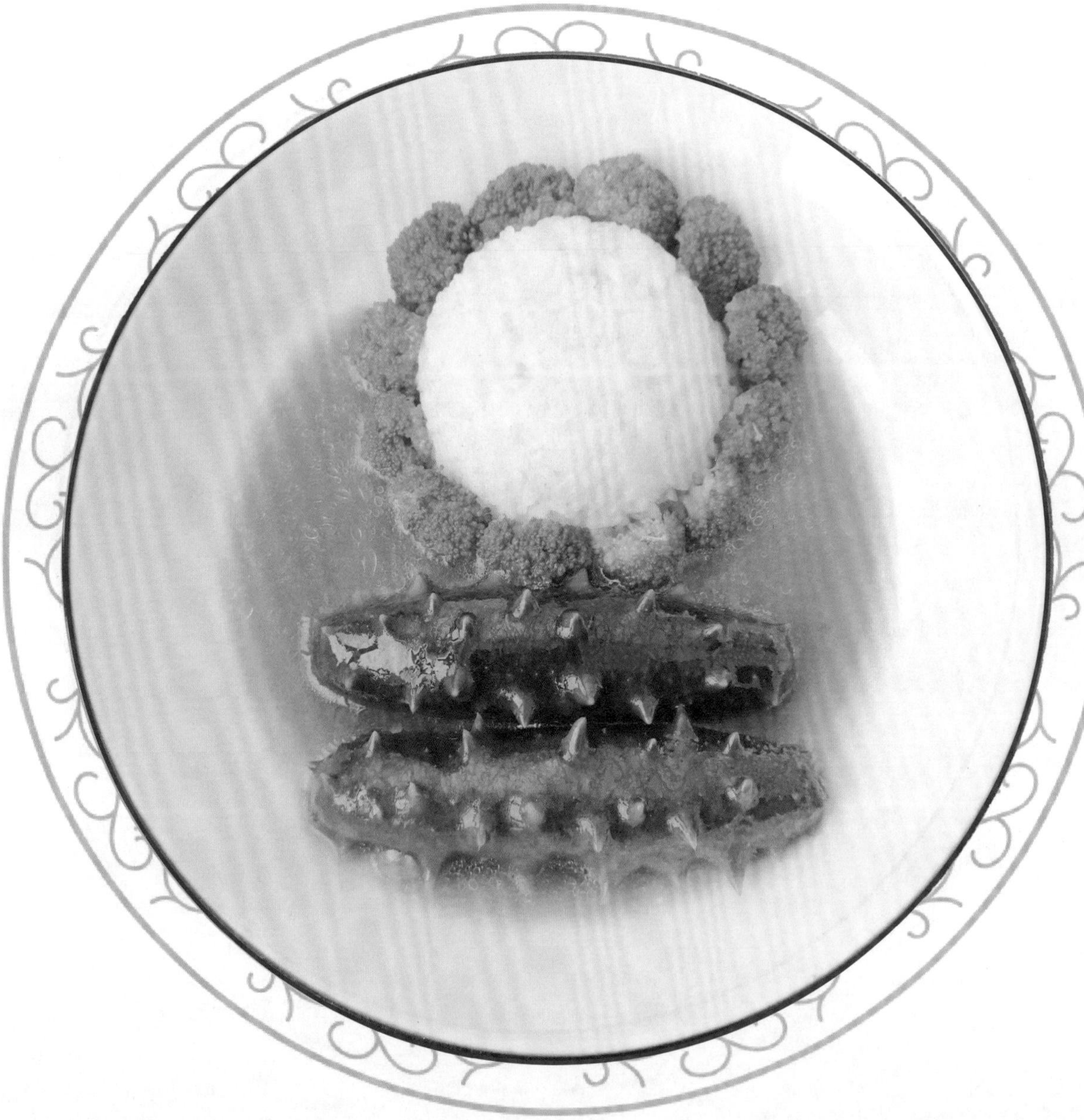

## 海参捞饭

**主料：**水发海参300克，大米100克，西兰花120克

**调料：**葱姜，八角，盐，味精，香油，料酒，糖色，老抽，生抽，淀粉，花生油

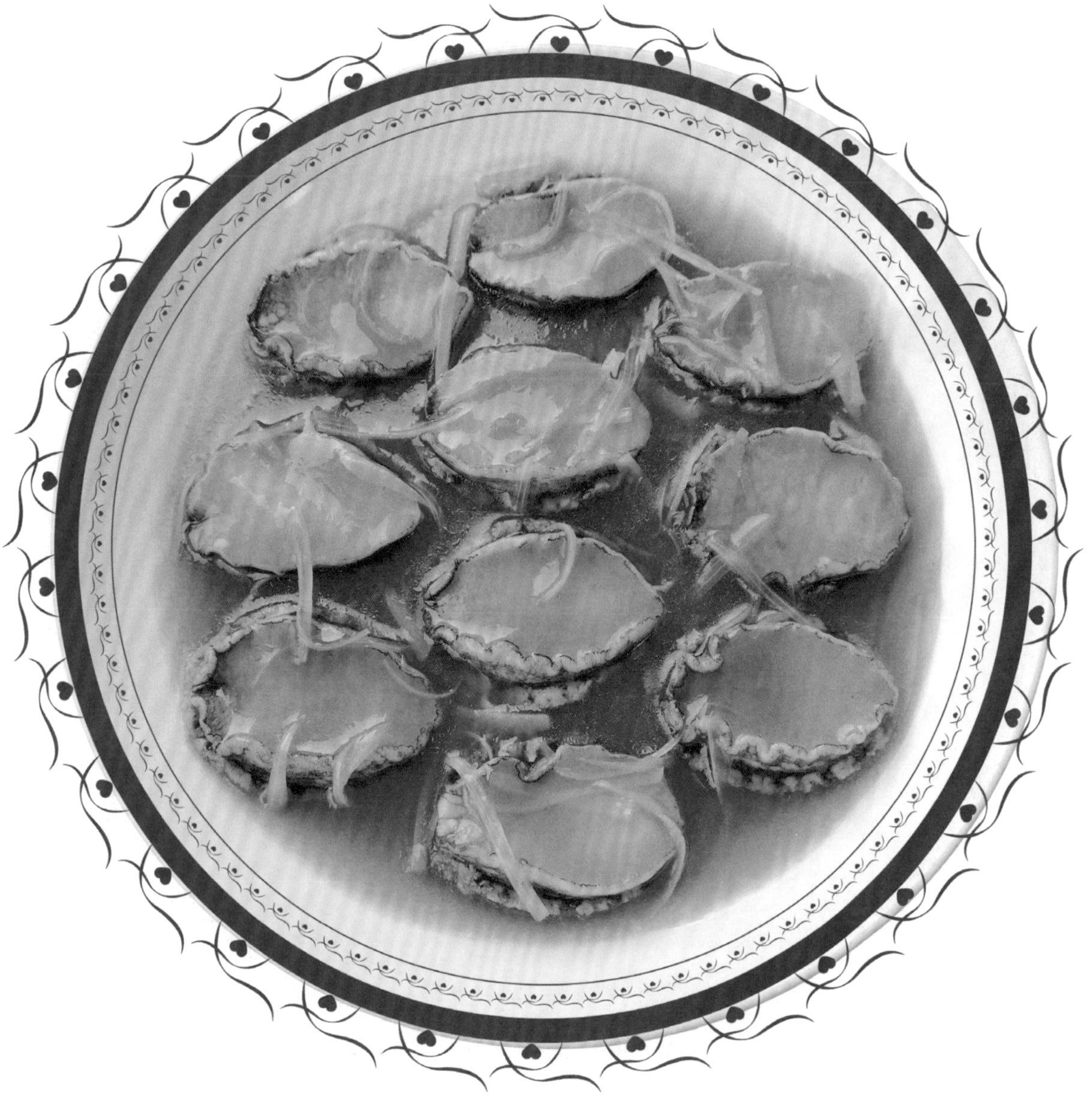

## 红烧鲍鱼

**主料**：活鲍鱼 1000 克

**配料**：鲜五花肉丝 40 克

**调料**：葱姜，盐，味精，料酒，老抽，生抽，糖色，淀粉，花生油

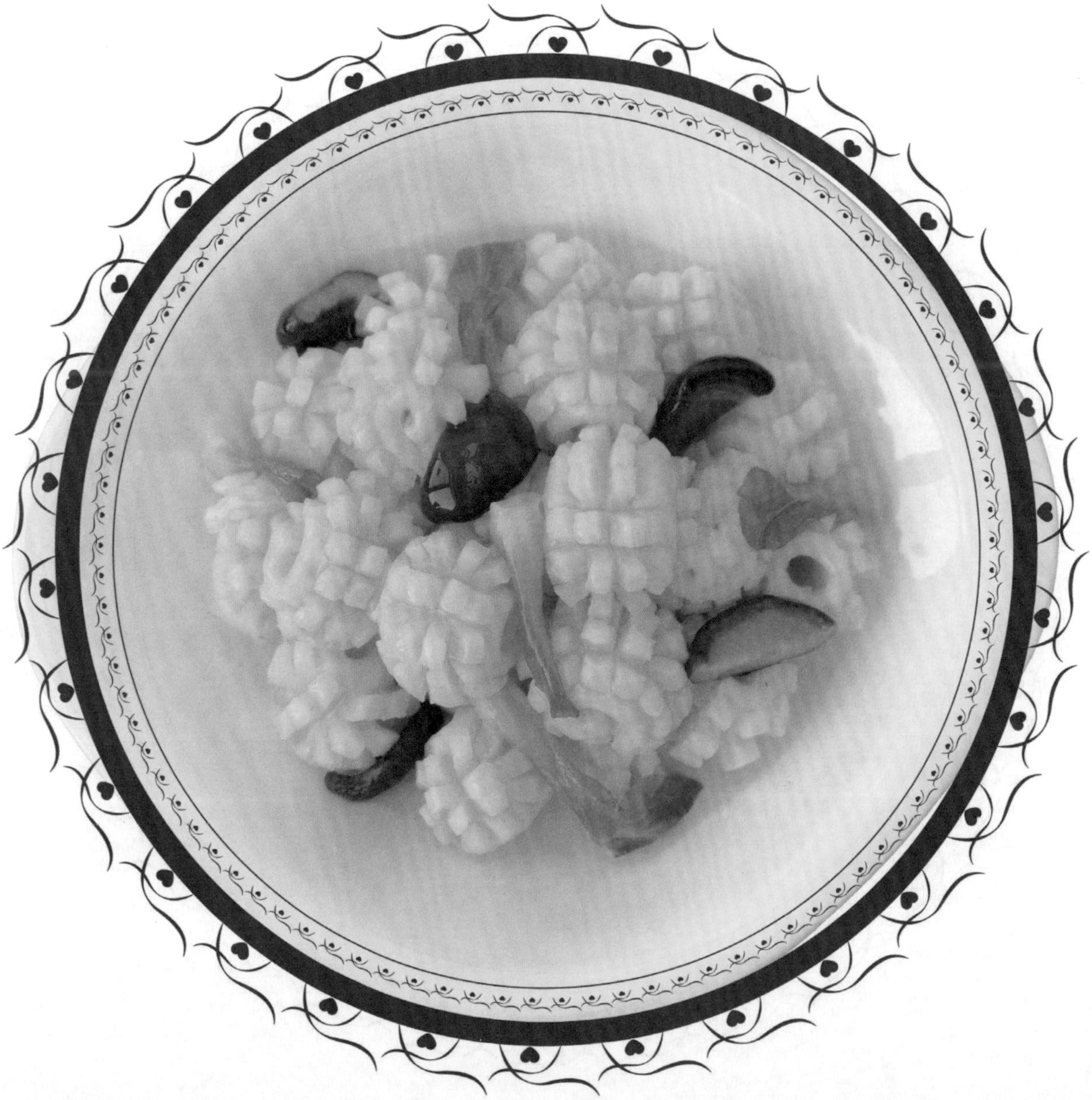

## 油爆鱿鱼花

**主料：**鲜鱿鱼身1000克

**配料：**水发香菇片50克，嫩油菜心50克

**调料：**葱姜，盐，味精，料酒，白醋，白胡椒粉，淀粉，花生油

## 红烧海参

**主料：**水发海参 800 克

**配料：**鲜五花肉片 40 克

**调料：**葱姜，八角，盐，味精，料酒，老抽，生抽，糖色，淀粉，花生油

## 剁椒鲳鱼

**主料：**鲜鲳鱼 1000 克

**配料：**鲜五花肉丝 50 克

**调料：**葱姜，剁椒，盐，味精，料酒，红醋，糖色，生抽，淀粉，花生油

## 红烧加吉鱼

**主料：**鲜加吉鱼 1100 克

**配料：**鲜五花肉片 40 克，水发香菇片 30 克，嫩笋尖片 30 克

**调料：**葱姜，八角，盐，味精，料酒，糖色，红醋，老抽，生抽，淀粉，花生油

## 茄汁大虾

**主料：**海捕鲜大虾 1000 克

**调料：**葱姜，番茄酱，白糖，料酒，红醋，盐，味精，淀粉，花生油

## 芙蓉海参

**主料：**水发海参 600 克，鲜鸡蛋 8 个

**配料：**鲜肉末 80 克，鲜胡萝卜末 50 克，枸杞 30 克

**调料：**葱姜，八角，盐，味精，料酒，老抽，生抽，糖色，淀粉，花生油

## 红烧乌贼鱼

**主料：**鲜乌贼鱼 1200 克

**调料：**葱姜，花椒，干辣椒段，盐，味精，料酒，红醋，老抽，生抽，花生油

## 蜇皮鸡丝

**主料：**海蜇皮 700 克，鲜鸡脯肉 400 克

**配料：**嫩香菜段 100 克

**调料：**葱姜，白胡椒粉，盐，味精，料酒，鸡蛋，淀粉，花生油

## 辣爆鳝鱼段

**主料：**活鳝鱼 900 克，青红辣椒 80 克

**调料：**葱姜，盐，味精，料酒，红醋，老抽，生抽，淀粉，花生油

## 开片芝麻虾

**主料：**海捕鲜大虾 1000 克

**配料：**熟白芝麻 20 克，青红辣椒末 30 克

**调料：**葱姜，白糖，白醋，料酒，盐，味精，花生油

## 锅塌海参三鲜丸

**主料：** 水发海参 400 克，鲜鸡脯肉 500 克，嫩香椿芽 100 克

**配料：** 嫩茴香苗 60 克，小米椒圈 30 克

**调料：** 葱姜，盐，味精，鸡蛋，淀粉，花生油

## 葱姜焗蟹

**主料：** 活螃蟹 1000 克

**调料：** 葱姜，盐，味精，料酒，白醋，淀粉，花生油

## 烤鲳鱼

**主料：** 鲜鲳鱼 700 克

**调料：** 香葱，生姜，八角，花椒，香叶，陈皮，小茴香，丁香，盐，味精，料酒，蚝油，生抽，红醋，白糖，花生油

## 虾托鸽蛋

**主料：**鲜虾仁 700 克，咸面包片 500 克，鲜鸽子蛋 500 克

**配料：**生菜球 200 克，枸杞 6 克

**调料：**葱姜，白胡椒粉，花椒，香叶，盐，味精，鸡蛋，淀粉，花生油

## 蛋爆爬虾肉

**主料：**鲜爬虾肉 1000 克，鲜鸡蛋 6 个

**配料：**鲜白菜头 200 克，嫩香菜段 100 克

**调料：**葱姜，盐，味精，料酒，花生油

## 椒盐虾仁

**主料：**鲜大虾仁 700 克

**调料：**椒盐，葱姜，鸡蛋，盐，味精，料酒，干淀粉，干面粉，花生油

## 燕子回巢

**主料：** 鲜大虾 11 只，鲜鸡脯肉 500 克，鲜鸽子蛋 200 克，嫩菠菜叶 200 克，鲜胡萝卜 200 克，花椒粒 22 粒

**调料：** 葱姜，盐，味精，料酒，鸡蛋，香叶，花椒，淀粉，花生油

## 茄汁虾球

**主料：** 鲜虾仁 800 克

**配料：** 葱姜，番茄酱，红醋，白糖，盐，味精，鸡蛋，淀粉，花生油

## 清蒸原壳肉贝

**主料：** 活肉贝 800 克

**调料：** 生姜，红醋，香油

## 龙须两吃虾

**主料：**鲜大虾 12 只，干粉丝 50 克

**配料：**嫩苦菊叶 80 克

**调料：**葱姜，盐，味精，料酒，鸡蛋，淀粉，花生油

## 木瓜虾仁

**主料：**鲜木瓜 1200 克，鲜虾仁 500 克

**调料：**葱姜，白糖，红醋，生抽，鸡蛋，淀粉，面粉，花生油

## 清蒸加吉鱼

**主料：**鲜加吉鱼 1100 克

**配料：**鲜五花肉 50 克，水发香菇 40 克，嫩笋尖 30 克

**调料：**葱姜，盐，味精，料酒

## 葱烧海参

**主料**：水发海参 800 克，大葱白 120 克

**调料**：盐，味精，料酒，老抽，生抽，糖色，淀粉，花生油

## 熏鲅鱼

**主料**：鲜鲅鱼 1200 克

**调料**：盐，味精，料酒，白糖，葱姜，花椒，八角，茶叶，陈皮，米饭，花生油

## 清蒸桂鱼

**主料**：活桂鱼 1000 克

**配料**：鲜五花肉 50 克，水发香菇 30 克，嫩笋尖 30 克

**调料**：葱姜，盐，味精，料酒，白醋

## 剁椒鱼头

**主料：**花鲢鱼头1500克，剁椒200克，大蒜末150克，香葱末100克

**调料：**料酒，盐，味精，花生油

## 铁板海鲜

**主料：**鲜大虾仁600克，扇贝丁600克，鲜鱿鱼丝600克

**配料：**香菜段20克

**调料：**葱姜，鸡蛋，白胡椒粉，盐，味精，料酒，白醋，老抽，生抽，淀粉，花生油

## 㸆大虾

**主料：**鲜海捕大虾1000克

**调料：**大蒜，白糖，盐，味精，料酒，花生油

## 茄汁蛎黄

**主料：** 鲜蛎黄 1000 克

**配料：** 白熟芝麻 15 克，鲜青红辣椒丁 20 克

**调料：** 葱姜，番茄酱，香醋，白糖，盐，味精，鸡蛋，干淀粉，干面粉，花生油

## 水煮鱼

**主料：** 活草鱼 1200 克，黄豆芽 700 克

**调料：** 香菜，大蒜瓣，干辣椒段，花椒，葱姜，辣椒酱，辣椒油，盐，味精，料酒，鸡蛋，淀粉，花生油

## 炸脆皮鱼柳

**主料：** 鲜黑鱼肉 500 克，面包糠 150 克

**调料：** 葱姜，盐，味精，料酒，鸡蛋，淀粉，花生油

## 清氽虾丸

**主料：** 鲜虾仁 1000 克

**配料：** 嫩菜心 30 克，枸杞 30 克

**调料：** 白胡椒粉，生姜，盐，味精

## 炸鱿鱼圈

**主料：** 鲜鱿鱼身 800 克

**调料：** 葱姜，香叶，陈皮，花椒，盐，味精，料酒，红醋，鸡蛋，淀粉，面粉，花生油

## 红烧甲鱼

**主料：** 活甲鱼 1000 克，鲜鸡块 300 克

**调料：** 葱姜，八角，香叶，白糖，盐，味精，料酒，生抽，淀粉，花生油

## 三鲜蛋饺

**主料**：水发海参 150 克，虾仁 150 克，鲜里脊肉 150 克，鸡蛋 10 个

**调料**：葱姜，盐，味精，香油，花生油

## 温拌海参

**主料**：水发海参 800 克

**调料**：生姜米，辣根，蚝油，味极鲜，盐，味精，香油

## 海参鸽蛋

**主料**：水发海参 800 克，鲜鸡脯肉 250 克，鸽子蛋 250 克

**配料**：鲜菠菜叶 200 克，青红辣椒 30 克

**调料**：葱姜，盐，味精，料酒，鸡蛋，花椒，香叶，淀粉，花生油

## 香酥脆皮虾

**主料：** 活明虾 1200 克

**调料：** 葱姜，花椒，香叶，盐，味精，料酒，淀粉，花生油

## 鲍鱼小米粥

**主料：** 活鲍鱼 1000 克，小米 100 克

**配料：** 枸杞 30 克

**调料：** 葱姜，盐，味精，料酒，红醋，白胡椒粉

## 炸芝麻鱼球

**主料：** 鲜黑鱼肉 500 克，白芝麻 150 克

**调料：** 葱姜，盐，味精，料酒，鸡蛋，干淀粉，花生油

## 红烧八带鱼

**主料：** 鲜八带鱼 1000 克

**调料：** 葱姜，八角，干辣椒段，盐，味精，糖色，料酒，红醋，老抽，生抽，花生油

## 铁锅鱼头

**主料：** 活花鲢鱼头 1300 克

**配料：** 鲜肉末 150 克，香葱末 50 克

**调料：** 剁椒，葱姜，花椒，盐，味精，生抽，糖色，料酒，红醋，花生油

## 开片五香虾

**主料：** 鲜海捕大虾 1000 克

**调料：** 五香粉，大蒜片，白糖，料酒，盐，味精，花生油

## 炸五香鱼片

**主料：**鲜黑鱼肉 500 克

**调料：**五香粉，盐，味精，料酒，鸡蛋，淀粉，面粉，花生油

## 面包凤尾虾

**主料：**鲜大虾 12 只，鲜虾仁 300 克，咸面包渣 200 克

**调料：**葱姜，盐，味精，料酒，白胡椒粉，鸡蛋，淀粉，花生油

## 醋烹虾段

**主料：**鲜大虾 1000 克

**调料：**葱姜，蒜末，白醋，盐，味精，料酒，干淀粉，花生油，香油

## 蚂蚁鲍鱼

**主料**：活鲍鱼 1000 克

**配料**：鲜肉末 200 克

**调料**：葱姜，盐，味精，料酒，老抽，生抽，糖色，淀粉，花生油

## 炒芙蓉海参

**主料**：水发海参 600 克，鲜鸡蛋 8 个

**配料**：青红辣椒丁 30 克

**调料**：葱姜，盐，味精，花生油

## 红烧武昌鱼

**主料**：活武昌鱼 900 克

**配料**：鲜五花肉片 30 克，笋尖片 30 克，水发香菇 30 克

**调料**：葱姜，花椒，八角，盐，味精，料酒，红醋，老抽，生抽，糖色，淀粉，花生油

## 红烧带鱼

**主料：**鲜带鱼 1100 克

**配料：**鲜五花肉 40 克

**调料：**葱姜，八角，干辣椒段，盐，味精，料酒，红醋，老抽，生抽，糖色，淀粉，花生油

## 香煎三文鱼

**主料：**鲜三文鱼肉 700 克

**调料：**葱姜，黑胡椒面，盐，味精，料酒，干淀粉，花生油

## 红烧怀胎鱼

**主料：**鲜黄花鱼 1000 克，鲜鸡脯肉 200 克，水发香菇 60 克

**配料：**鲜五花肉片 40 克，嫩笋尖片 30 克，水发香菇 30 克

**调料：**葱姜，花椒，八角，白糖，盐，味精，料酒，红醋，生抽，鸡蛋，淀粉，花生油

## 软炸虾仁

**主料：**鲜大虾仁 600 克

**调料：**葱姜，花椒，鸡蛋，盐，味精，料酒，干淀粉，干面粉，花生油

## 海参蛋白粥

**主料：**水发海参 800 克

**配料：**鲜鸡蛋 3 个，高汤 1000 克，枸杞 30 克

**调料：**盐，味精，淀粉

## 五香鲅鱼

**主料：**鲜鲅鱼 1000 克

**配料：**葱丝 30 克，嫩香菜叶 30 克，小米椒圈 30 克

**调料：**五香粉，葱姜，盐，味精，料酒，红醋，老抽，生抽，糖色，花生油

## 荷叶桂鱼

**主料：**活桂鱼 1200 克

**配料：**干荷叶 1 张，鲜五花肉 50 克，水发香菇 30 克，嫩笋尖 30 克

**调料：**葱姜，盐，味精，料酒

## 清蒸牡蛎

**主料：**活牡蛎 1100 克

**配料：**青红辣椒 50 克

**调料：**味极鲜，香醋，盐，味精，香油

## 温拌海虹肉

**主料：**活海虹 2000 克

**配料：**葱白 100 克，嫩香菜 60 克

**调料：**盐，味精，香醋，味极鲜，香油

## 烤五香黄花鱼

**主料：**鲜黄花鱼 1000 克

**调料：**五香粉，葱姜，盐，味精，料酒，生抽，花生油

## 蚂蚁海参

**主料：**水发海参 800 克

**配料：**鲜肉末 200 克

**调料：**葱姜，盐，味精，料酒，老抽，生抽，糖色，淀粉，花生油

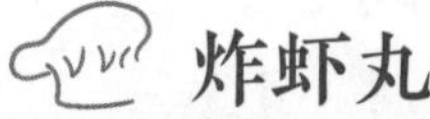

## 炸虾丸

**主料：**鲜虾仁 700 克，鲜鸡脯肉 200 克

**调料：**葱姜，白胡椒粉，盐，味精，料酒，鸡蛋，面粉，花生油

## 香辣明虾

**主料：** 鲜明虾 700 克

**配料：** 干辣椒段 60 克，香菜段 15 克

**调料：** 花椒，盐，味精，料酒，淀粉，花生油

## 虾仁水萝卜

**主料：** 鲜虾仁 300 克，嫩水萝卜 250 克

**调料：** 葱姜，盐，味精，白醋，香油，鸡蛋，淀粉，花生油

## 清蒸鱿鱼

**主料：** 鲜鱿鱼 1000 克

**配料：** 鲜五花肉 80 克，嫩香菜叶 30 克

**调料：** 大蒜瓣，葱姜，陈皮，花椒，盐，味精，料酒，香醋，味达美，香油

## 椒盐带鱼

**主料：**鲜带鱼 1000 克

**配料：**葱丝 30 克，嫩香菜叶 30 克，小米椒圈 30 克

**调料：**椒盐，葱姜，八角，香叶，陈皮，盐，味精，料酒，生抽，花生油

## 鱼头豆腐汤

**主料：**活花鲢鱼头 1000 克，豆腐 500 克

**配料：**嫩菜心 50 克，枸杞 20 克

**调料：**葱姜，盐，味精，料酒，高汤，花生油

## 锅塌鲳鱼

**主料：**鲜鲳鱼 1000 克

**调料：**葱姜，花椒，八角，丁香，陈皮，小茴香，淀粉，面粉，鸡蛋，盐，味精，料酒，香醋，花生油

## 干烧黄花鱼

**主料：**鲜黄花鱼1000克

**配料：**鲜五花肉40克，嫩笋尖30克，水发香菇30克

**调料：**葱姜，八角，花椒，干辣椒段，糖色，盐，味精，料酒，红醋，老抽，生抽，辣椒油，花生油

## 酱爆香螺

**主料：**活香螺1000克

**调料：**葱姜，盐，味精，料酒，甜面酱，花生油

## 蜇皮白菜心

**主料：**海蜇皮700克

**配料：**大白菜心200克

**调料：**大蒜瓣，盐，味精，白醋，香油

## 乌龙吐珠

**主料：**水发海参 800 克

**配料：**鲜鸽子蛋 200 克，鲜水果萝卜 100 克，鲜胡萝卜 100 克

**调料：**葱姜，八角，盐，味精，料酒，糖色，老抽，生抽，淀粉，花生油

## 干烧鲫鱼

**主料：**活鲫鱼 1000 克

**配料：**鲜五花肉 40 克，嫩笋尖 30 克，水发香菇 30 克

**调料：**葱姜，八角，干辣椒段，白糖，盐，味精，料酒，红醋，老抽，生抽，花生油，辣椒油

## 炸板虾拼茄汁虾仁

**主料：**鲜大虾 12 只，鲜虾仁 600 克

**配料：**嫩苦菊叶 50 克

**调料：**葱姜，盐，味精，料酒，红醋，白糖，番茄酱，鸡蛋，淀粉，面粉，花生油

## 蜇头脆萝卜花

**主料：** 海蜇头 800 克，水果萝卜 300 克

**调料：** 大蒜瓣，盐，味精，白醋，香油

## 滋补甲鱼

**主料：** 活甲鱼 2 只，鲜鸡块 600 克，人参 1 棵

**配料：** 大红枣 60 克，枸杞 30 克，油菜心 60 克

**调料：** 葱姜，盐，味精，料酒

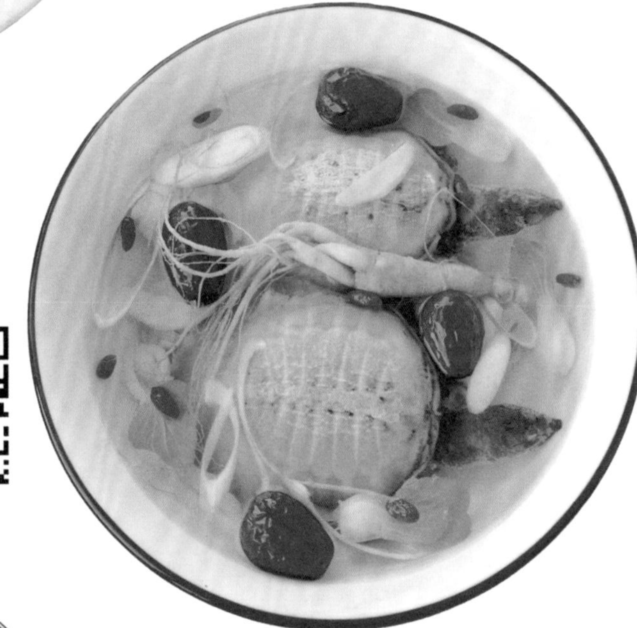

## 炸虾段

**主料：** 鲜大虾 1000 克

**调料：** 椒盐，葱姜，盐，味精，料酒，干淀粉，花生油

## 红烧桂鱼

**主料：**活桂鱼 1100 克

**配料：**鲜五花肉 40 克，水发香菇 30 克，嫩笋尖 30 克

**调料：**葱姜，八角，盐，味精，糖色，料酒，红醋，老抽，生抽，淀粉，花生油

## 风味蛎黄

**主料：**鲜蛎黄 1000 克

**调料：**花椒，干辣椒段，盐，味精，鸡蛋，干淀粉，干面粉，花生油

## 红烧鱼块

**主料：**鲜黑鱼肉 900 克

**调料：**葱姜，花椒，八角，干辣椒段，盐，味精，料酒，老抽，生抽，糖色，淀粉，红醋，花生油

## 五香鱿鱼

**主料：**鲜鱿鱼 1000 克

**调料：**五香粉，盐，味精，鸡蛋，淀粉，面粉，花生油

## 鲍鱼蛋白粥

**主料：**活鲍鱼 1000 克，高汤 1200 克

**配料：**鲜鸡蛋 3 个，枸杞 20 克

**调料：**盐，味精，淀粉

## 酱爆螃蟹

**主料：**活螃蟹 1000 克

**调料：**甜面酱，葱姜，盐，味精，料酒，红醋，淀粉，花生油

## 锅塌虾仁茄盒

**主料：** 嫩茄子700克，鲜虾仁300克，鲜鸡脯肉200克

**配料：** 嫩茴香苗60克，小米椒圈30克

**调料：** 葱姜，盐，味精，白胡椒粉，鸡蛋，淀粉，面粉，花生油

## 家常鲳鱼

**主料：** 鲜鲳鱼800克

**配料：** 鲜五花肉40克，嫩笋尖30克，水发香菇30克，香菜段30克

**调料：** 葱姜，盐，味精，料酒，红醋，老抽，生抽，糖色，淀粉，花生油

## 茄汁虾仁

**主料：** 鲜虾仁600克

**调料：** 番茄酱，白糖，红醋，葱姜，盐，味精，鸡蛋，淀粉，面粉，花生油

## 糖醋鱼片

**主料**：鲜黑鱼肉 500 克

**调料**：大蒜末，盐，味精，白糖，红醋，生抽，鸡蛋，淀粉，面粉，花生油

## 玉兔胡萝卜肉

**主料**：鲜大虾 8 只，鲜虾仁 350 克，鲜鸡脯肉 500 克，咸面包渣 200 克，鲜鸡蛋 300 克，嫩苦菊 60 克，鲜胡萝卜 70 克

**调料**：葱姜，盐，味精，料酒，鸡蛋，白胡椒粉，淀粉，花生油

## 滑炒鱼片

**主料**：活草鱼 1400 克

**配料**：嫩香菜段 30 克

**调料**：葱姜，盐，味精，料酒，白醋，白胡椒粉，香油，鸡蛋，淀粉，花生油

## 梅花鸡块拼腰果虾仁

**主料：**鲜虾仁 300 克，干腰果 200 克，鲜鸡脯肉 300 克，咸面包片 300 克

**配料：**青红辣椒 30 克

**调料：**葱姜，盐，味精，料酒，白醋，鸡蛋，淀粉，花生油

## 牡蛎豆腐

**主料：**熟牡蛎肉 500 克，冻豆腐 400 克

**配料：**嫩香菜段 30 克，枸杞 30 克

**调料：**葱姜，盐，味精，料酒，白醋，白胡椒粉，花生油

## 炸鱼条

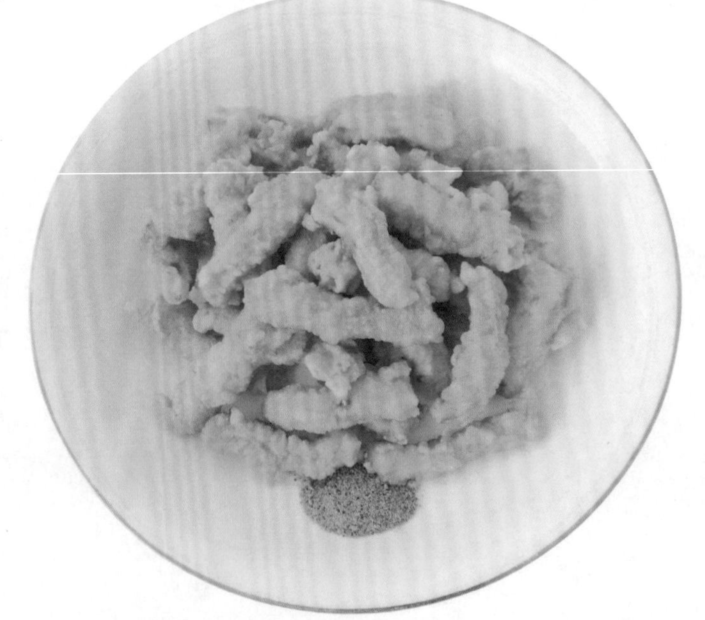

**主料：**鲜黑鱼肉 700 克

**调料：**椒盐，葱姜，盐，味精，料酒，鸡蛋，干淀粉，干面粉，花生油

## 黄河醋鱼

**主料：**活草鱼 1000 克

**调料：**葱姜，大蒜瓣，红醋，生抽，白糖，淀粉，花生油

## 蛋爆蜢子虾

**主料：**鲜蜢子虾 300 克

**配料：**白菜头 150 克，香葱末 60 克，鲜鸡蛋 6 个

**调料：**生姜，盐，味精，料酒，花生油

## 蒜爆鳝鱼段

**主料：**活鳝鱼 900 克

**配料：**大蒜瓣 80 克

**调料：**盐，味精，料酒，老抽，生抽，红醋，淀粉，花生油

## 五香带鱼

**主料：**鲜带鱼 1200 克

**调料：**五香粉，葱姜，盐，味精，料酒，红醋，老抽，生抽，糖色，花生油

## 麻辣鱼片

**主料：**鲜黑鱼肉 500 克

**调料：**葱姜，花椒，干辣椒段，盐，味精，料酒，淀粉，面粉，花生油

## 茄汁鱿鱼圈

**主料：**鲜鱿鱼身 900 克

**调料:** 葱姜，番茄酱，白糖，红醋，盐，味精，鸡蛋，淀粉，面粉，花生油

## 红烧罗非鱼

**主料：**活罗非鱼 1100 克

**配料：**鲜五花肉 50 克，水发香菇 30 克，嫩笋尖 30 克

**调料：**葱姜，八角，盐，味精，料酒，红醋，老抽，生抽，糖色，淀粉，花生油

## 蒜香鲅鱼

**主料：**鲜鲅鱼 1000 克，大蒜瓣 150 克

**配料：**嫩香菜叶 30 克，小米椒圈 30 克

**调料：**盐，味精，料酒，老抽，生抽，红醋，糖色，淀粉，花生油

## 糖醋虾球

**主料：**鲜虾仁 700 克，鲜鸡脯肉 200 克

**调料：**葱姜，白糖，红醋，生抽，盐，味精，鸡蛋，面粉，淀粉，花生油

## 干炸牛舌鱼

**主料：**鲜牛舌鱼 600 克

**配料：**嫩香菜叶 50 克，番茄果 40 克

**调料：**葱姜，花椒，八角，桂皮，丁香，盐，味精，料酒，白醋，鸡蛋，淀粉，面粉，花生油

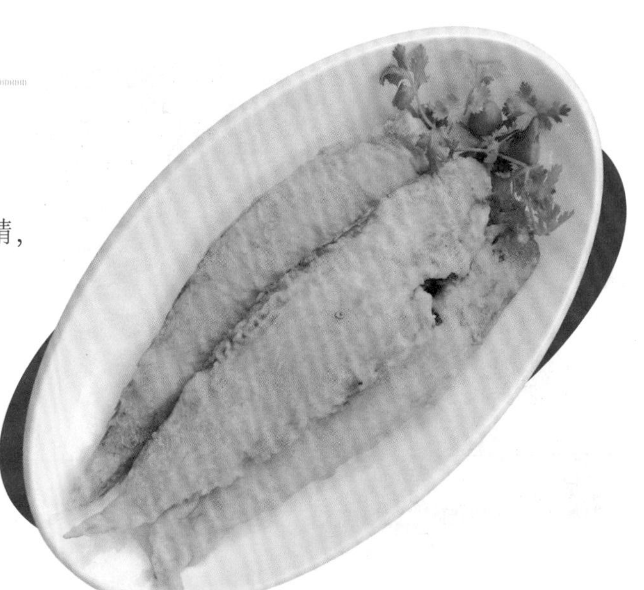

## 蜇头鸡片

**主料：**海蜇头 700 克，鲜鸡脯肉 300 克

**配料：**嫩香菜段 100 克

**调料：**葱姜，白胡椒粉，盐，味精，料酒，香油，鸡蛋，淀粉，花生油

## 海参腰果虾仁

**主料：**水发海参 800 克，鲜鸡脯肉 250 克，鲜虾仁 300 克，腰果 100 克。

**配料：**青红辣椒丁 50 克

**调料：**葱姜，盐，味精，料酒，鸡蛋，淀粉，花生油

## 干烧鲤鱼

**主料：**活鲤鱼 1100 克

**配料：**鲜五花肉丁 40 克，水发香菇丁 30 克，嫩笋尖丁 30 克

**调料：**葱姜，八角，干辣椒段，盐，味精，糖色，料酒，红醋，老抽，生抽，辣椒油，花生油

## 海鲜小豆腐

**主料：**水发黄豆 600 克，鲜花蛤肉 100 克，鲜贝丁 100 克，水发大海米 100 克，大白菜头 100 克

**配料：**小米椒圈 30 克

**调料：**葱姜，盐，味精，鸡蛋，花生油

## 炸烹虾段

**主料：**鲜大虾 1000 克

**配料：**鲜青红辣椒丁 30 克

**调料：**葱姜，盐，味精，料酒，白醋，味极鲜，干淀粉，花生油

## 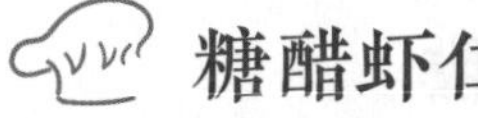 芙蓉水晶虾

**主料：**鲜大虾 10 只，鲜中虾 300 克，鲜鸡脯肉 250 克

**配料：**青红辣椒丁 50 克

**调料：**葱姜，盐，味精，料酒，鸡蛋，淀粉，花生油

## 红烧偏口鱼

**主料：**鲜偏口鱼 1000 克

**配料：**鲜五花肉片 40 克，笋尖片 30 克

**调料：**葱姜，花椒，干辣椒段，盐，味精，红醋，料酒，糖色，老抽，生抽，淀粉，花生油

## 糖醋虾仁

**主料：**鲜虾仁 600 克

**调料：**红醋，白糖，生抽，大蒜瓣，盐，味精，鸡蛋，淀粉，面粉，花生油

## 铁锅炖全鱼豆腐

**主料：** 活草鱼 1300 克，豆腐 500 克，鲜肉末 200 克

**配料：** 香葱末 20 克

**调料：** 葱姜，剁椒，生抽，料酒，高汤，盐，味精，花生油

## 五香鲳鱼

**主料：** 鲜鲳鱼 1000 克

**配料：** 葱丝 30 克，嫩香菜叶 30 克，小米椒圈 20 克

**调料：** 五香粉，葱姜，盐，味精，料酒，红醋，老抽，生抽，糖色，花生油

## 麻辣虾仁

**主料：** 鲜大虾仁 700 克

**调料：** 葱姜，花椒，干辣椒段，鸡蛋，盐，味精，料酒，干淀粉，干面粉，花生油

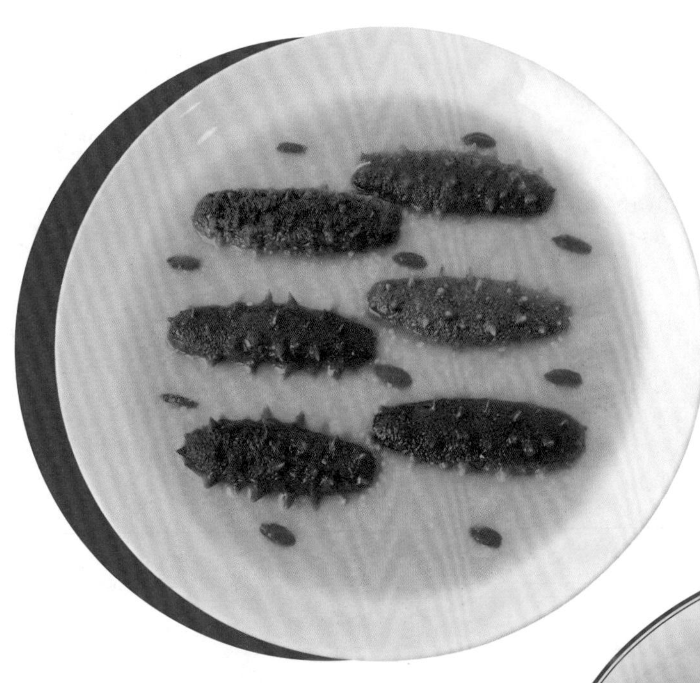

## 海参小米粥

**主料：** 水发海参 800 克，小米 100 克

**配料：** 枸杞 30 克

**调料：** 盐，味精，高汤

## 脆黄瓜沙蛤肉

**主料：** 活沙蛤 1600 克，鲜嫩黄瓜 300 克

**调料：** 盐，味精，白醋，香油

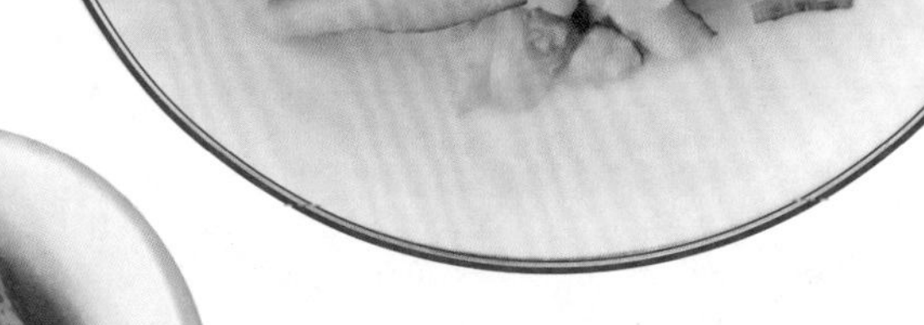

## 家常红加吉鱼

**主料：** 鲜加吉鱼 1000 克

**配料：** 鲜五花肉 50 克，嫩笋尖 30 克，嫩香菜段 20 克

**调料：** 葱姜，八角，盐，味精，料酒，红醋，老抽，生抽，淀粉，糖色，花生油

## 辣炒小河虾

**主料：**活河虾 900 克

**调料：**葱姜，花椒，干辣椒段，盐，味精，香醋，料酒，香油，花生油

## 蜇头脆黄瓜

**主料：**海蜇头 700 克

**配料：**嫩黄瓜 250 克

**调料：**大蒜，盐，味精，白醋，香油

## 风味鱿鱼

**主料：**鲜鱿鱼 1000 克

**配料：**香菜段 60 克

**调料：**干辣椒段，花椒，盐，味精，料酒，红醋，鸡蛋，淀粉，面粉，花生油

## 红烧鲅鱼

**主料：**鲜鲅鱼 1200 克

**调料：**葱姜，八角，盐，味精，料酒，红醋，老抽，生抽，糖色，淀粉，花生油

## 蜜彩虾仁

**主料：**鲜大虾仁 700 克

**配料：**熟白芝麻 5 克，青红辣椒丁 15 克

**调料：**葱姜，白糖，蜂蜜，鸡蛋，白醋，盐，味精，料酒，干淀粉，干面粉，花生油

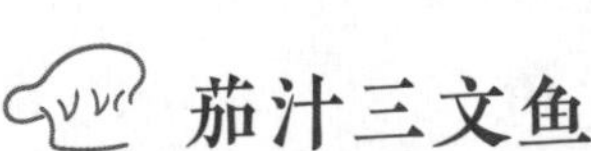

## 茄汁三文鱼

**主料：**鲜三文鱼肉 700 克

**配料：**熟白芝麻 15 克，青红辣椒末 20 克

**调料：**葱姜，番茄酱，白糖，白醋，盐，味精，料酒，淀粉，花生油

## 红烧鳝鱼段

**主料：**活鳝鱼 1000 克

**调料：**葱姜，花椒，八角，干辣椒段，盐，味精，料酒，白醋，老抽，生抽，糖色，花生油

## 姜汁河蟹

**主料：**活河蟹 1000 克

**调料：**生姜，香醋，香油

## 清炸带鱼

**主料：**鲜带鱼 1000 克

**调料：**葱姜，八角，花椒，香叶，陈皮，丁香，盐，味精，料酒，红醋，生抽，花生油

## 葱油鲤鱼

**主料：**活鲤鱼 1000 克

**配料：**大葱白 120 克，嫩香菜段 30 克

**调料：**盐，味精，生抽，红醋，白胡椒粉，花生油

## 油焖开片虾

**主料：**鲜海捕大虾 1000 克

**配料：**青红辣椒 100 克

**调料：**葱姜，白糖，料酒，红醋，白胡椒粉，盐，味精，香油，花生油

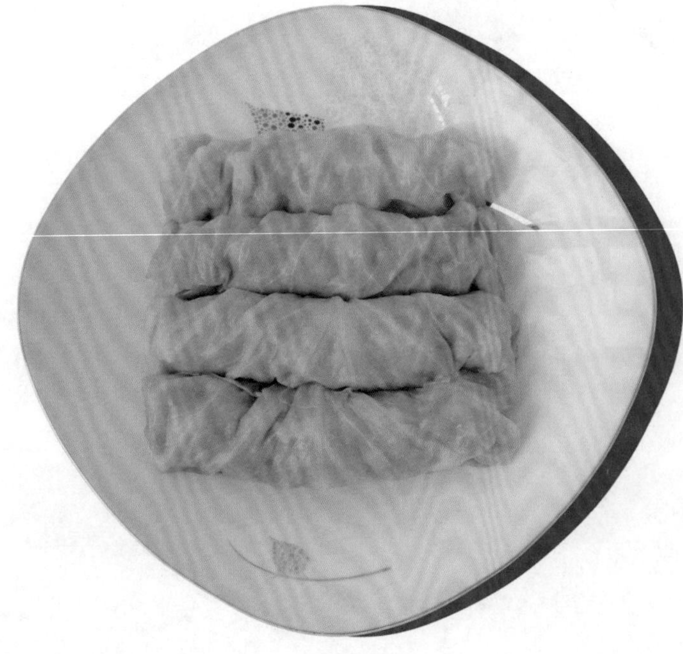

## 三鲜包菜卷

**主料：**水发海参 200 克，鲜虾仁 200 克，鲜里脊肉 200 克，鲜包菜叶 250 克

**调料：**葱姜，盐，味精，鸡蛋，香油

## 炸烹鱼条

**主料：**鲜黑鱼肉 700 克

**调料：**葱姜，花椒，八角，盐，味精，料酒，红醋，生抽，鸡蛋，干淀粉，干面粉，花生油

## 香辣芝麻鱼球

**主料：**鲜黑鱼肉 600 克，白芝麻 150 克

**调料：**花椒，干辣椒段，葱姜，盐，味精，料酒，鸡蛋，干淀粉，花生油

## 滑炒虾仁

**主料：**鲜大虾仁 600 克

**配料：**嫩黄瓜扭 40 克，嫩笋尖 40 克，水发香菇 30 克

**调料：**葱姜，鸡蛋，盐，味精，料酒，明油，淀粉，花生油

## 炸蛎黄

**主料**：鲜蛎黄 1000 克

**调料**：花椒面，盐，味精，鸡蛋，淀粉，面粉，花生油

## 蛋爆沙蛤肉

**主料**：活沙蛤 1800 克，鲜鸡蛋 5 个

**配料**：鲜白菜头 250 克，嫩香菜段 50 克

**调料**：葱姜，盐，味精，香油，花生油

## 营养香菇拼腰果虾仁

**主料**：水发香菇 300 克，鲜鸡脯肉 300 克，鲜虾仁 300 克，干腰果 200 克

**配料**：青红辣椒 100 克

**调料**：葱姜，盐，味精，料酒，白醋，鸡蛋，淀粉，花生油

## 蒜香鲳鱼

**主料：**鲜鲳鱼 1000 克，大蒜瓣 150 克

**配料：**嫩香菜叶 50 克，小米椒圈 30 克

**调料：**盐，味精，料酒，红醋，老抽，生抽，糖色，淀粉，花生油

## 茄汁鱼条

**主料：**鲜黑鱼肉 500 克

**调料：**番茄酱，大蒜末，葱姜，花椒，盐，味精，料酒，鸡蛋，淀粉，面粉，花生油

## 虾仁萝卜盒

**主料：**水果萝卜 700 克，鲜虾仁 300 克，鲜鸡脯肉 200 克，水发香菇 50 克

**配料：**嫩茴香苗 60 克，小米椒圈 30 克

**调料：**葱姜，盐，味精，白胡椒粉，鸡蛋，淀粉，面粉，花生油

## 葱丝鱿鱼

**主料：**鲜鱿鱼 1000 克

**配料：**大葱白 60 克，嫩香菜叶 30 克，小米椒圈 30 克

**调料：**葱姜，花椒，盐，味精，料酒，香醋，生抽，辣椒油

## 三鲜紫菜汤

**主料：**水发海参 400 克，鲜虾仁 400 克，蒸发好的干贝丁 300 克，干紫菜 50 克，高汤 1500 克

**配料：**鲜香菜段 50 克，嫩葱花 50 克

**调料：**盐，味精，香油，鸡蛋，淀粉

## 干烧罗非鱼

**主料：**活罗非鱼 1100 克

**配料：**鲜五花肉 40 克，嫩笋尖 30 克，水发香菇 30 克

**调料：**葱姜，八角，干辣椒段，白糖，盐，味精，料酒，生抽，辣椒油，花生油

## 辣爆香螺

**主料：** 活香螺 1000 克

**配料：** 青红辣椒块 150 克

**调料：** 葱姜，盐，味精，料酒，花生油

## 香辣鲳鱼

**主料：** 鲜鲳鱼 900 克

**配料：** 干辣椒段 50 克，花椒 15 克，香菜段 20 克

**调料：** 葱姜，盐，味精，料酒，白醋，香叶，八角，鸡蛋，淀粉，面粉，花生油

## 南煎三鲜丸

**主料：** 鲜虾仁 400 克，鲜里脊肉 400 克，嫩黄瓜 400 克

**配料：** 嫩茴香苗 60 克，小米椒圈 30 克

**调料：** 葱姜，盐，味精，白胡椒粉，鸡蛋，淀粉，花生油

## 芝麻大虾

**主料：**鲜大虾 600 克，白芝麻 120 克

**配料：**嫩香菜叶 30 克

**调料：**葱姜，盐，味精，料酒，鸡蛋，淀粉，花生油

## 酸菜鱼

**主料：**活草鱼 1200 克，酸菜 600 克

**调料：**香葱，干辣椒段，大蒜瓣，花椒，白胡椒粉，葱姜，盐，味精，料酒，鸡蛋，淀粉，花生油

## 炸小河虾

**主料：**活小河虾 700 克

**配料：**鲜嫩苦菊叶 60 克，枸杞 20 克

**调料：**葱姜，花椒面，盐，味精，料酒，干淀粉，花生油

## 鸽蛋虾排

**主料：**鲜虾 12 只，鸽子蛋 300 克，嫩菠菜叶 200 克

**调料：**葱姜，盐，味精，料酒，白胡椒粉，鸡蛋，干淀粉，干面粉，花椒，香叶，花生油

## 软炸鱼条

**主料：**鲜黑鱼肉 500 克

**调料：**葱姜，花椒，盐，味精，料酒，鸡蛋，淀粉，面粉，花生油

## 排骨焖鲈鱼

**主料：**鲜鲈鱼 1300 克，鲜排骨 1200 克

**配料：**香菜段 30 克

**调料：**葱姜，花椒，八角，剁椒，香叶，盐，味精，料酒，老抽，生抽，糖色，淀粉，花生油

## 干炸带鱼

**主料：**鲜带鱼 1000 克

**调料：**葱姜，花椒，八角，香叶，陈皮，盐，味精，料酒，红醋，鸡蛋，淀粉，面粉，花生油

## 清炸鲅鱼

**主料：**鲜鲅鱼 1000 克

**调料：**葱姜，八角，花椒，香叶，丁香，陈皮，盐，味精，料酒，红醋，生抽，花生油

## 红扒三鲜丸

**主料：**水发海参 200 克，鲜虾仁 200 克，鲜里脊肉 500 克

**调料：**葱姜，盐，味精，味极鲜，鸡蛋，干淀粉，花生油

## 蛋爆海虹肉

**主料：**活海虹 2000 克

**配料：**鸡蛋 6 个，白菜头 200 克，大葱白 80 克

**调料：**生姜，盐，味精，花生油

## 干炸鲳鱼

**主料：**鲜鲳鱼 900 克

**调料：**葱姜，盐，味精，料酒，红醋，花椒，八角，香叶，丁香，鸡蛋，淀粉，面粉，花生油

## 红烧鲫鱼

**主料：**活鲫鱼 1000 克

**配料：**鲜五花肉片 40 克，嫩笋尖片 30 克，水发香菇片 30 克

**调料：**葱姜，八角，干辣椒，糖色，盐，味精，料酒，红醋，老抽，生抽，淀粉，花生油

## 清蒸螃蟹

**主料：**活螃蟹 1200 克

**调料：**生姜，香醋，香油

## 两吃虾

**主料：**鲜大虾 11 只，中虾肉 800 克

**配料：**嫩苦菊 60 克，枸杞 20 克

**调料：**葱姜，盐，味精，料酒，鸡蛋，白胡椒粉，淀粉，花生油

## 红烧鲳鱼

**主料：**鲜鲳鱼 1000 克

**配料：**鲜五花肉 40 克，嫩笋尖 30 克，水发香菇 30 克

**调料：**葱姜，盐，味精，料酒，红醋，老抽，生抽，糖色，淀粉，花生油

## 清汆鲅鱼丸

**主料：**鲜鲅鱼 1200 克

**配料：**嫩菜心 30 克，枸杞 20 克

**调料：**花椒，生姜，盐，味精，香油

## 干炸虾仁

**主料：**鲜虾仁 600 克

**调料：**盐，味精，鸡蛋，淀粉，面粉，花生油

## 风味明虾

**主料：**鲜明虾 700 克

**配料：**干辣椒段 50 克，花椒 15 克，香菜段 20 克

**调料：**葱姜，盐，味精，料酒，香醋，淀粉，花生油

## 干烧鲳鱼

**主料：** 鲜鲳鱼 1000 克

**配料：** 鲜五花肉 40 克，嫩笋尖 30 克，水发香菇 30 克

**调料：** 葱姜，干辣椒段，八角，白糖，盐，味精，料酒，红醋，生抽，辣椒油，花生油

## 锅塌鲅鱼

**主料：** 鲜鲅鱼 1000 克

**配料：** 嫩香菜叶 20 克

**调料：** 葱姜，八角，花椒，香叶，陈皮，丁香，小茴香，盐，味精，料酒，红醋，鸡蛋，淀粉，面粉，花生油

## 干烧武昌鱼

**主料：**活武昌鱼 900 克

**配料：**五花肉丁 30 克，笋尖丁 30 克，水发香菇丁 30 克

**调料：**葱姜，花椒，八角，干辣椒段，白糖，盐，味精，生抽，料酒，辣椒油，花生油

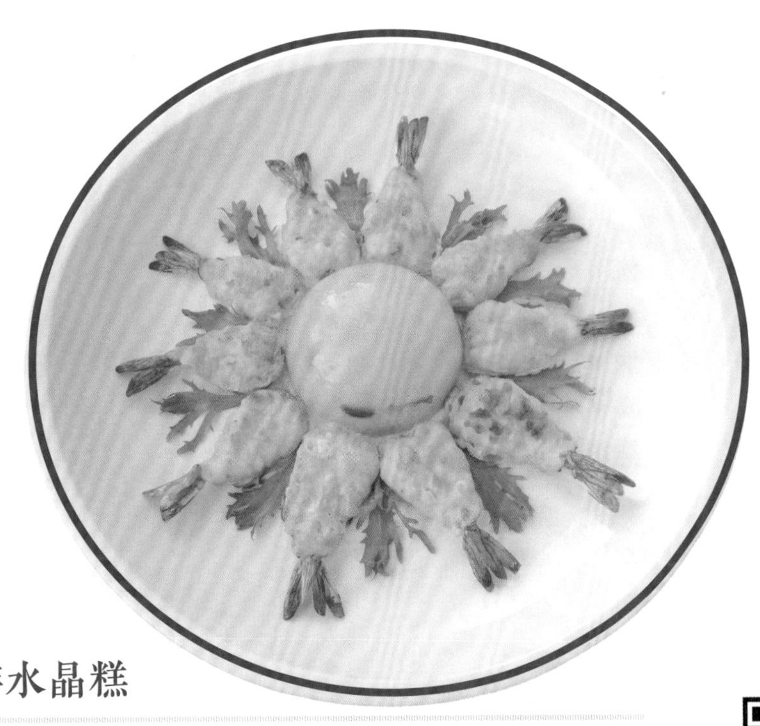

## 虾排水晶糕

**主料：**鲜大虾 10 只，干冻粉 50 克

**配料：**嫩苦菊叶 50 克

**调料：**葱姜，白糖，盐，味精，料酒，鸡蛋，淀粉，面粉，花生油

## 椒盐三文鱼

**主料：** 鲜三文鱼肉 500 克

**调料：** 椒盐，葱姜，盐，味精，料酒，鸡蛋，淀粉，面粉，花生油

## 清蒸罗非鱼

**主料：** 活罗非鱼 1100 克

**配料：** 鲜五花肉 50 克，嫩笋尖 30 克，水发香菇 30 克

**调料：** 葱姜，盐，味精，料酒

肉类
ROU
LEI

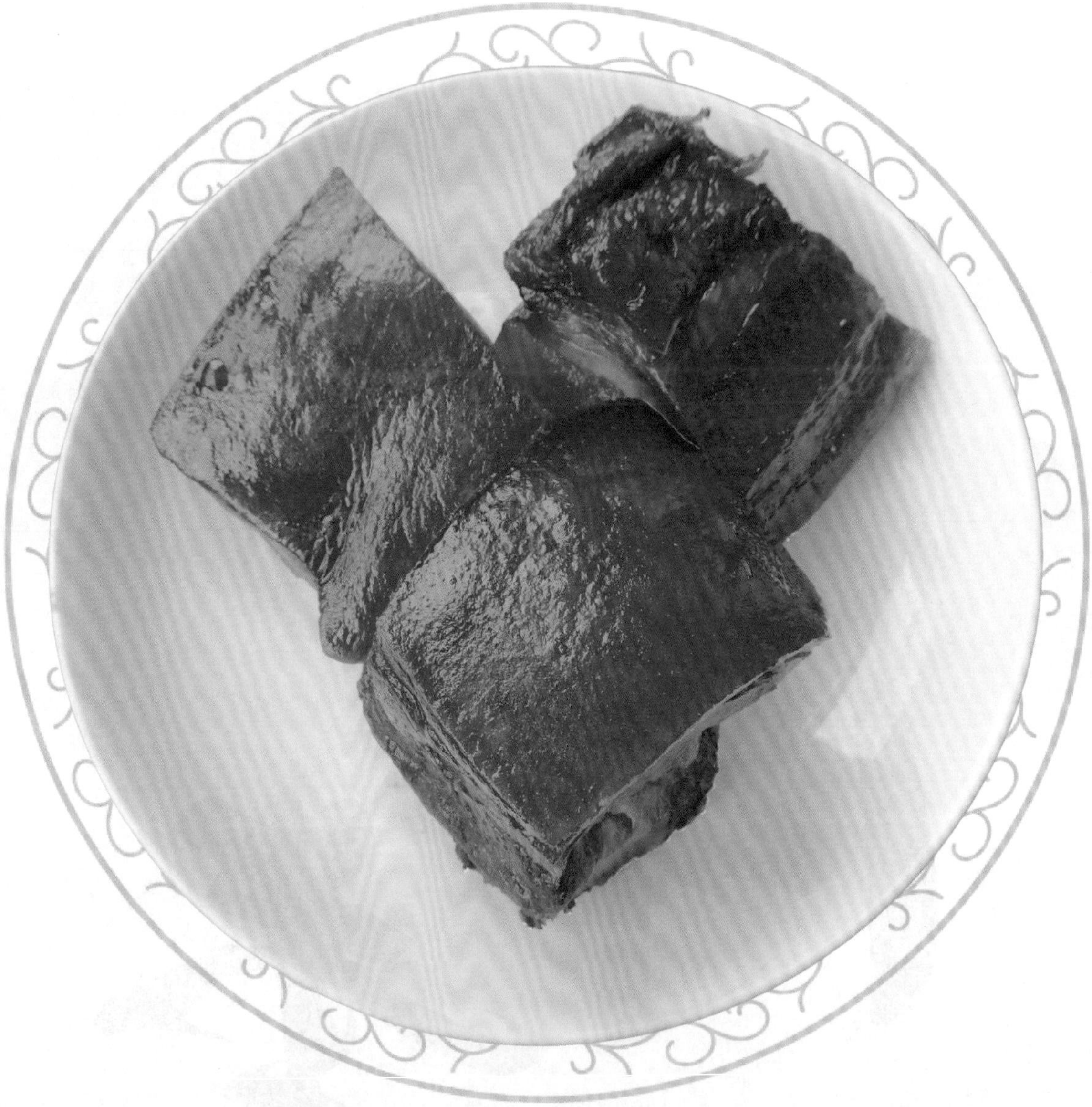

## 风味腊肉

**主料：**鲜带皮五花肉 3000 克

**调料：**粗粒盐，味精，白酒，葱姜，花椒，八角，香叶，陈皮，小茴香，丁香

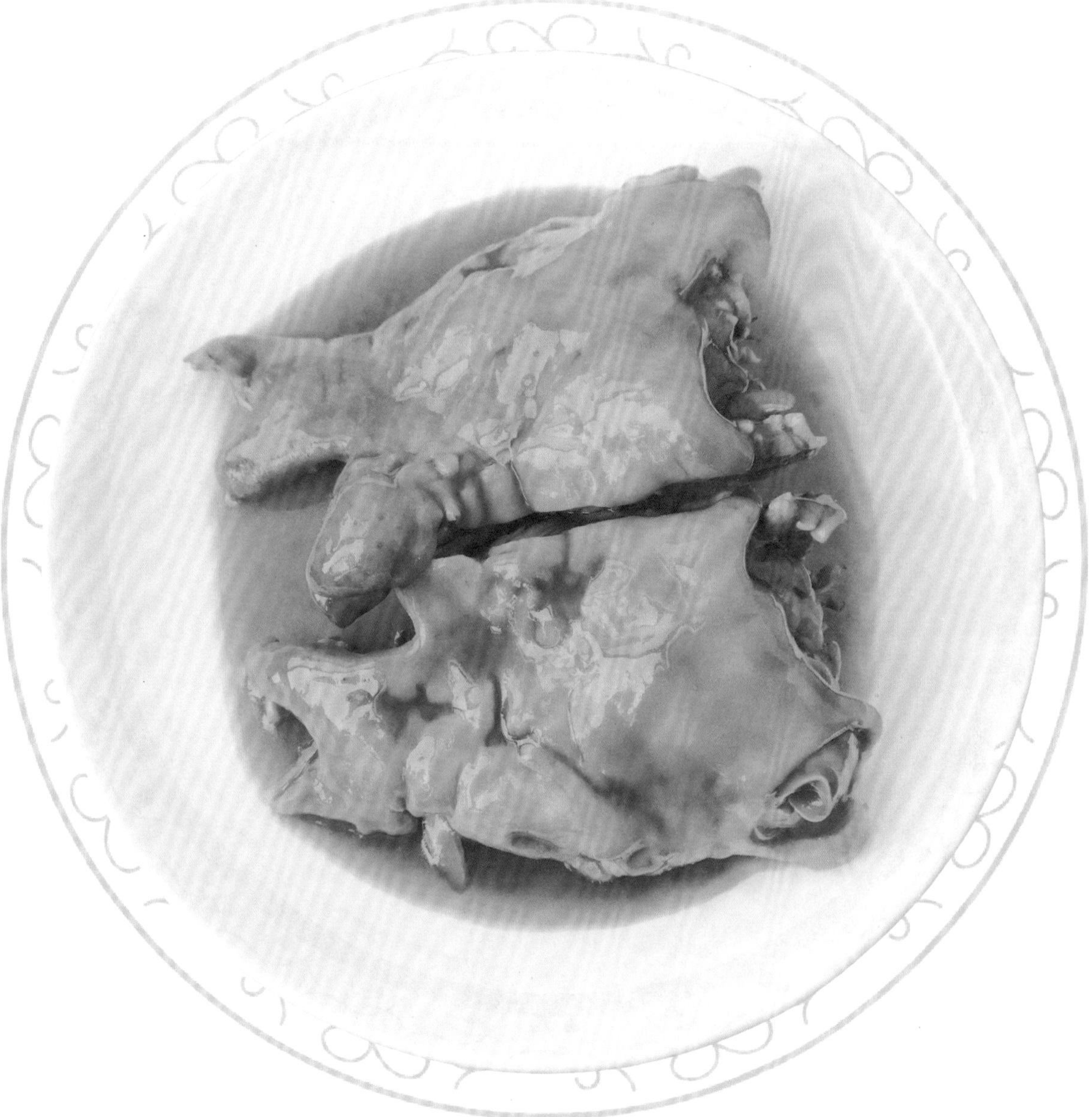

## 红扒羊脸

**主料：** 鲜去骨羊脸 1500 克

**调料：** 葱姜，花椒，八角，香叶，陈皮，桂皮，丁香，盐，味精，料酒，红醋，老抽，生抽，白糖，淀粉，花生油

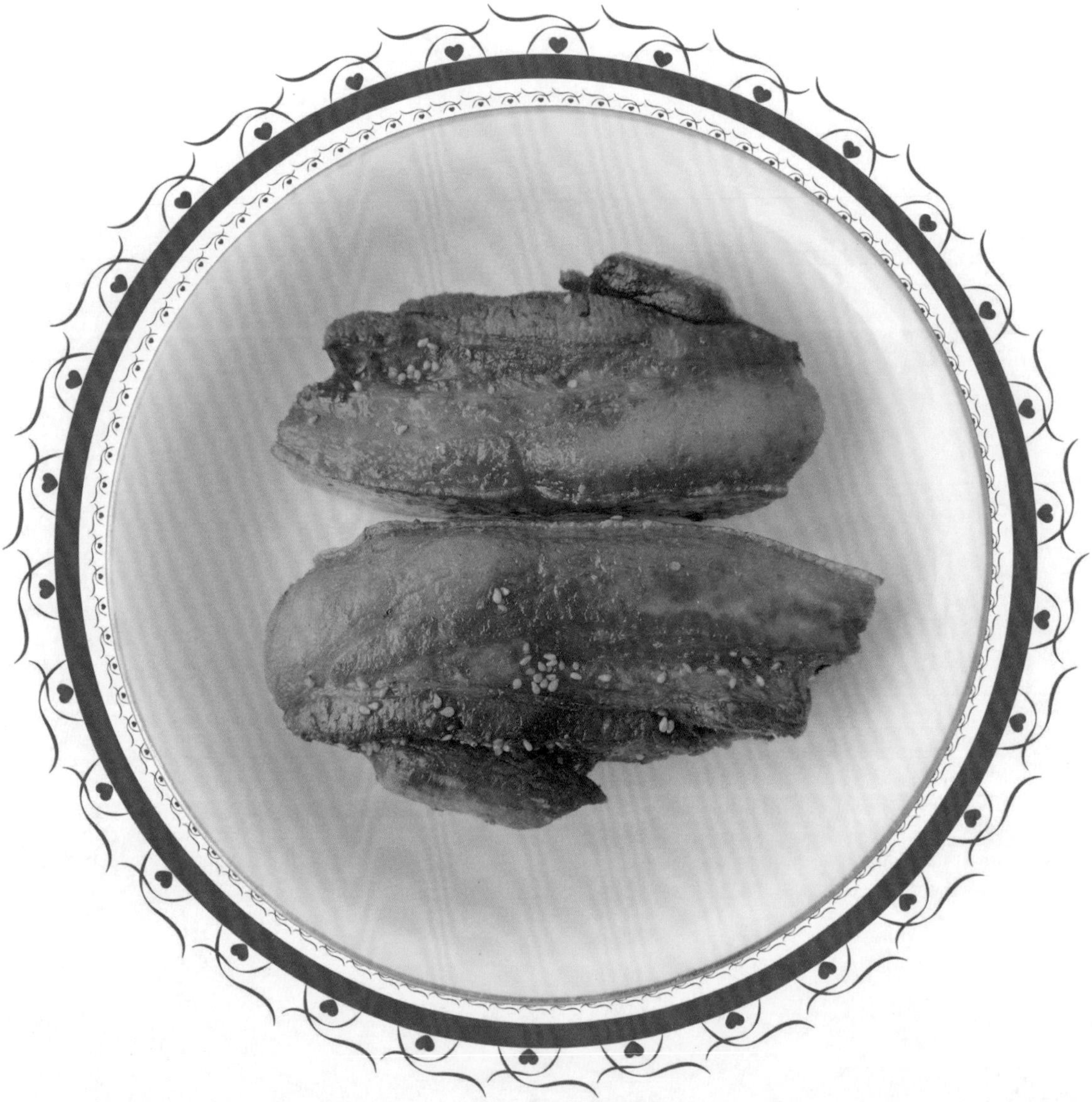

## 脆皮五花肉

**主料：**鲜带皮五花肉 900 克

**配料：**白芝麻 20 克

**调料：**葱姜，花椒，八角，香叶，陈皮，桂皮，丁香，小茴香，盐，味精，白酒，花生油

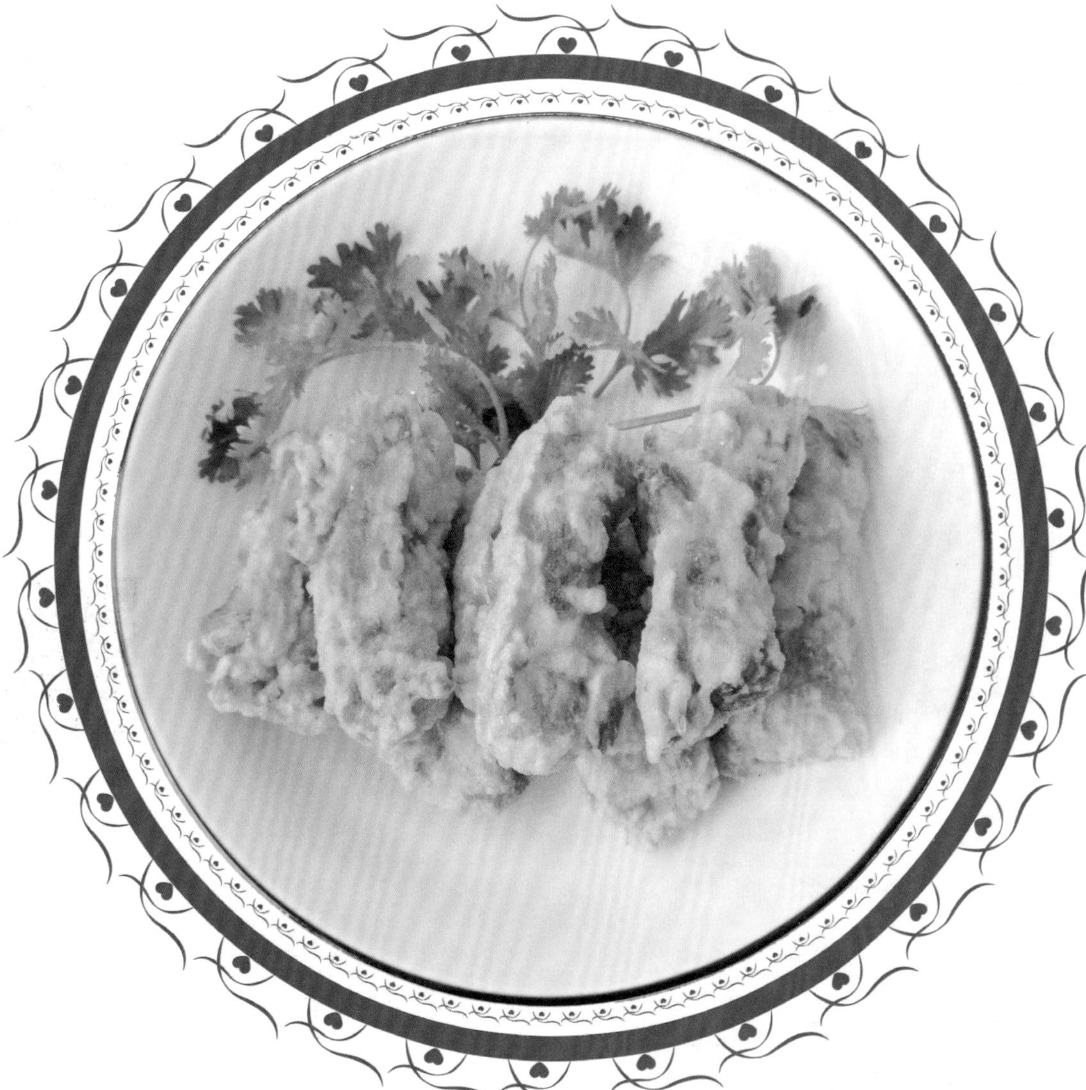

## 香酥排骨

**主料**：鲜排骨 1000 克

**配料**：嫩香菜叶 40 克

**调料**：葱姜，花椒，八角，香叶，陈皮，丁香，小茴香，盐，味精，白酒，鸡蛋，淀粉，面粉，花生油

## 手抓排骨

**主料：**鲜肉排 1500 克

**配料：**小米椒 50 克，小香葱 50 克

**调料：**葱姜，八角，花椒，香叶，白糖，蚝油，盐，味精，生抽，淀粉，花生油

## 米粉蒸肉

**主料：**鲜带皮五花肉 1000 克，干糯米 260 克

**调料：**葱姜，花椒，盐，味精，老抽，生抽，老干妈

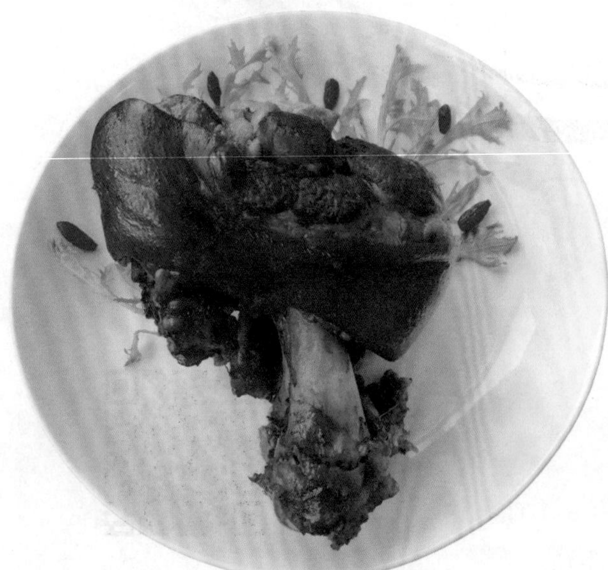

## 酱肘子

**主料：**鲜带皮猪肘 1500 克

**配料：**嫩苦菊叶 50 克，枸杞 20 克

**调料：**葱姜，八角，花椒，香叶，陈皮，桂皮，丁香，沙仁，小茴香，白糖，白酒，盐，味精，老抽，生抽，花生油

## 东坡肉

**主料：** 鲜带皮五花肉 1500 克

**调料：** 香葱段，生姜片，八角，香叶，陈皮，冰糖，盐，味精，料酒，生抽，花生油

## 炸芝麻肉条

**主料：** 鲜里脊肉 600 克，白芝麻 120 克

**调料：** 葱姜，盐，味精，鸡蛋，干面粉，花生油

## 粽叶排骨

**主料：** 鲜肉排 1300 克，干糯米 280 克，干粽叶适量

**调料：** 葱姜，盐，味精，老抽，生抽

## 红烧猪脆骨

**主料：**鲜猪脆骨 1200 克

**调料：**葱姜，花椒，干辣椒段，白糖，生抽，红醋，盐，味精，淀粉，花生油

## 铁锅炖肉

**主料：**鲜带皮五花肉 1500 克

**配料：**香葱末 30 克，小米椒末 20 克

**调料：**葱姜，花椒，八角，香叶，陈皮，白糖，盐，味精，生抽，淀粉，花生油

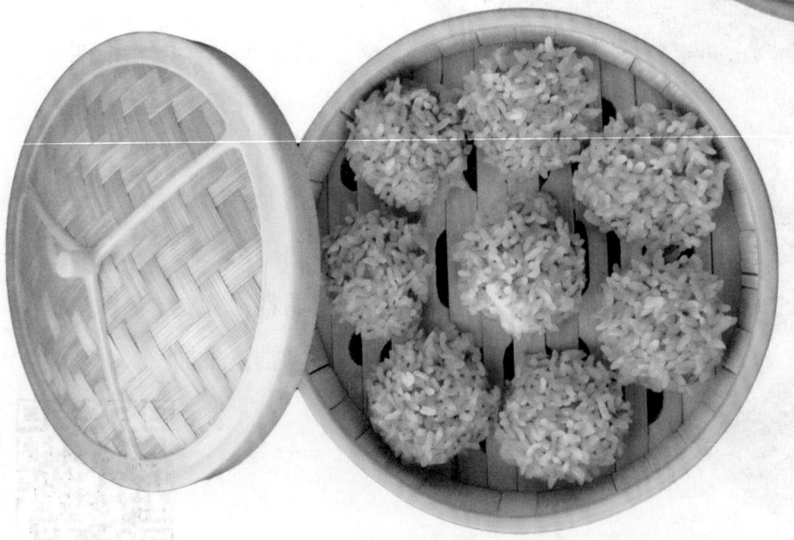

## 糯米肉丸

**主料：**鲜里脊肉 800 克，干糯米 260 克

**调料：**葱姜，鸡蛋，生抽，盐，味精，淀粉

## 红烧狮子头

**主料：** 鲜颈背肉 600 克

**配料：** 马蹄 50 克

**调料：** 葱姜，八角，香叶，盐，味精，老抽，生抽，鸡蛋，淀粉，花生油

## 手抓寸骨

**主料：** 鲜猪寸骨 1500 克

**配料：** 小米椒段 30 克，小香葱段 30 克

**调料：** 葱姜，八角，花椒，香叶，白糖，蚝油，盐，味精，生抽，淀粉，花生油

## 排骨南瓜盅

**主料：** 鲜南瓜 1 个 2000 克，鲜排骨 1300 克

**调料：** 葱姜，花椒，八角，干辣椒段，香叶，白糖，盐，味精，生抽，花生油

## 酱香牛蹄筋

**主料：**鲜牛蹄筋 1300 克

**配料：**香菜叶 60 克，枸杞 30 克

**调料：**盐，味精，白糖，白酒，老抽，生抽，葱姜，花椒，八角，香叶，陈皮，桂皮，沙仁，小茴香，丁香，花生油

## 手抓羊排

**主料：**嫩羊排 1500 克

**配料：**小米椒段 50 克

**调料：**葱姜，香叶，花椒，八角，白糖，盐，味精，生抽，蚝油，淀粉，花生油

## 苦瓜酱牛肉

**主料：**酱牛肉 400 克，嫩苦瓜 400 克

**调料：**葱姜，盐，味精，白醋，香油

## 锅塌通脊

**主料：**鲜通脊肉 600 克

**调料：**葱姜，花椒，盐，味精，白酒，鸡蛋，淀粉，面粉，花生油

## 清炸里脊块

**主料：**鲜里脊肉 1000 克

**调料：**葱姜，花椒，八角，香叶，陈皮，小茴香，丁香，盐，味精，白酒，花生油

## 烤寸骨

**主料：**鲜猪寸骨 1500 克

**调料：**香葱，生姜，花椒，八角，香叶，陈皮，小茴香，丁香，蚝油，生抽，盐，味精，白酒，白糖，花生油

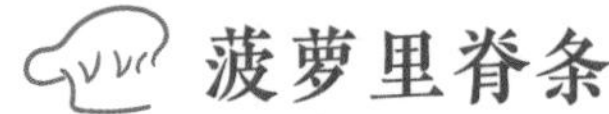

## 菠萝里脊条

**主料：** 菠萝 700 克，鲜里脊肉 500 克

**调料：** 葱姜，盐，味精，白糖，红醋，生抽，鸡蛋，淀粉，面粉，花生油

## 清炸排骨

**主料：** 鲜肉排 1100 克

**配料：** 嫩香菜叶 50 克

**调料：** 葱姜，八角，花椒，香叶，陈皮，丁香，小茴香，盐，味精，生抽，老抽，白酒，花生油

## 水煮肉片

**主料：** 鲜里脊肉 900 克，黄豆芽 700 克

**调料：** 香葱，大蒜瓣，干辣椒段，花椒，辣椒酱，辣椒油，葱姜，盐，味精，鸡蛋，淀粉，花生油

## 砂锅炖肉

**主料：**鲜带皮五花肉 1200 克
**配料：**香葱段 15 克
**调料：**葱姜，花椒，八角，香叶，干辣椒段，白糖，生抽，盐，味精，淀粉，花生油

## 酱香全骨

**主料：**猪全骨 1300 克
**调料：**葱姜，花椒，八角，香叶，陈皮，桂皮，小茴香，沙仁，丁香，盐，味精，白糖，白酒，老抽，生抽，花生油

## 肉块玉米芯

**主料：**鲜里脊肉 800 克，鲜玉米芯 400 克
**调料：**葱姜，盐，味精，老抽，生抽，糖色，淀粉，花生油

## 锅塌牛排

**主料：**鲜牛排 700 克

**配料：**嫩苦菊叶 40 克，枸杞 20 克

**调料：**葱姜，盐，味精，料酒，鸡蛋，淀粉，面粉，花生油

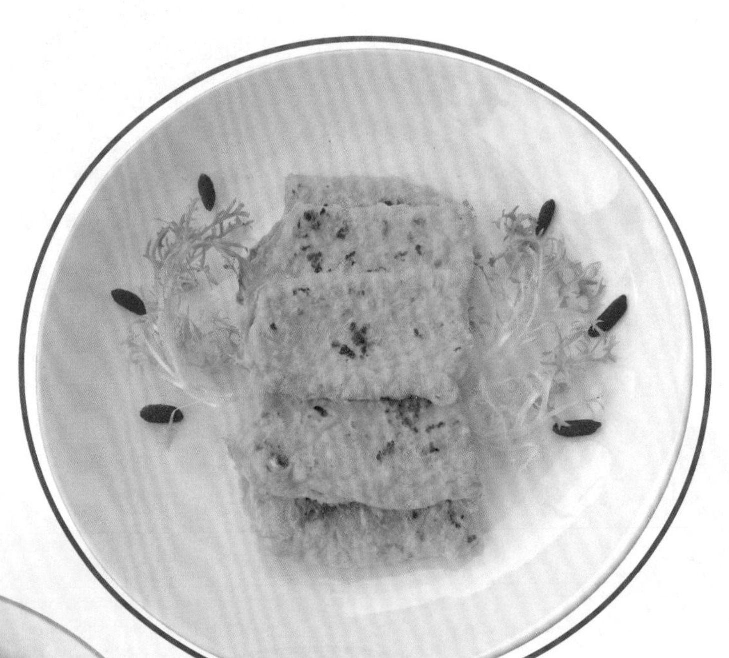

## 红烧把子肉

**主料：**鲜带皮五花肉 1400 克

**调料：**葱姜，花椒，八角，香叶，白糖，盐，味精，生抽，花生油

## 清炸猪脆骨

**主料：**鲜猪脆骨 700 克

**调料：**葱姜，花椒，八角，香叶，陈皮，丁香，盐，味精，白酒，花生油

## 清汆牛肉丸

**主料**：鲜牛肉 700 克

**配料**：嫩菜心 30 克，枸杞 30 克

**调料**：生姜，盐，味精

## 红烧牛肉

**主料**：鲜牛肉 1500 克

**调料**：葱姜，花椒，八角，陈皮，干辣椒，盐，味精，料酒，老抽，生抽，淀粉，花生油

## 辣炒牛鞭

**主料**：鲜牛鞭 1200 克，青红辣椒 80 克

**调料**：葱姜，花椒，香叶，盐，味精，料酒，红醋，老抽，生抽，淀粉，花生油

## 红扒罗汉肚

**主料：**鲜猪肚 1100 克，水发海参 200 克，鲜里脊肉 300 克，水发香菇 100 克，水发干贝 100 克，罗汉笋尖 100 克

**调料：**葱姜，花椒，八角，香叶，陈皮，盐，味精，红醋，老抽，生抽，淀粉，花生油

## 酱香百叶

**主料：**鲜牛百叶 1500 克

**配料：**嫩苦菊叶 80 克，枸杞 30 克

**调料：**盐，味精，白糖，白酒，香醋，老抽，生抽，葱姜，花椒，八角，香叶，陈皮，桂皮，小茴香，沙仁，丁香，花生油

## 红扒扣肉

**主料：**鲜带皮五花肉 1000 克

**调料：**蚝油，老抽，生抽，酱油，盐，味精，葱姜，花椒，八角，陈皮，淀粉，花生油

## 红烧猪蹄

**主料：**鲜猪蹄 1200 克

**调料：**葱姜，八角，香叶，白糖，盐，味精，生抽，淀粉，花生油

## 辣爆牛柳

**主料：**鲜牛肉 600 克

**配料：**小米椒 50 克，水发香菇 50 克

**调料：**葱姜，鸡蛋，盐，味精，老抽，生抽，白醋，淀粉，花生油

## 糯米排骨

**主料：**鲜肉排 1500 克，干糯米 300 克

**调料：**葱姜，盐，味精，老抽，生抽

## 毛血旺

**主料**：熟牛百叶 400 克，鲜鸽子蛋 300 克，鸭血 300 克，午餐肉 300 克，黄豆芽 600 克

**调料**：香葱，干辣椒段，大蒜瓣，花椒，姜，盐，味精，辣椒酱，花生油

## 肉块豆腐泡

**主料**：鲜里脊肉 700 克，豆腐泡 300 克

**调料**：葱姜，花椒，八角，白糖，生抽，盐，味精，淀粉，花生油

## 酱香肋骨

**主料**：鲜肋排 2000 克

**调料**：白糖，白酒，盐，味精，老抽，生抽，葱姜，八角，花椒，香叶，陈皮，桂皮，丁香，沙仁，小茴香，花生油

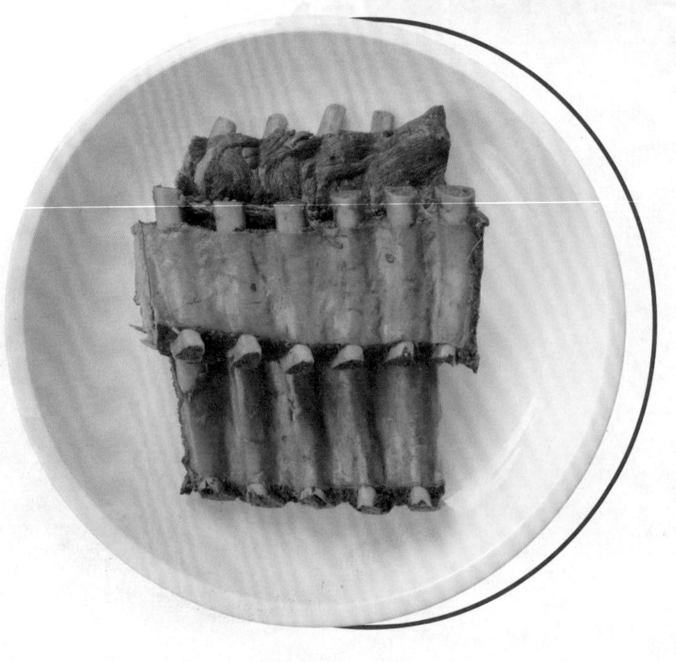

## 红烧大肠

**主料：**鲜大肠 1300 克

**调料：**葱姜，花椒，香叶，盐，味精，白糖，料酒，红醋，生抽，淀粉，花生油

## 肉排芝麻香

**主料：**鲜通脊肉 500 克，白芝麻 150 克

**调料：**葱姜，盐，味精，鸡蛋，淀粉，花生油

## 红烧寸骨

**主料：**鲜猪寸骨 1200 克

**调料：**葱姜，八角，香叶，老抽，生抽，盐，味精，糖色，淀粉，花生油

## 蒜香蜂窝肚

**主料**：鲜牛蜂窝肚 1000 克，大蒜瓣 100 克

**调料**：葱姜，花椒，香叶，盐，味精，糖色，料酒，红醋，老抽，生抽，淀粉，花生油

## 脆萝卜里脊块

**主料**：鲜里脊肉 600 克，水果萝卜 500 克

**调料**：葱姜，盐，味精，白醋，白糖，生抽，花椒，八角，花生油

## 油淋猪排

**主料**：鲜猪肉排 2000 克

**调料**：葱姜，花椒，八角，香叶，陈皮，桂皮，小茴香，沙仁，丁香，白糖，盐，味精，白酒，老抽，生抽，花生油

## 叉烧肉

**主料：**鲜颈背肉 1300 克

**调料：**葱姜，花椒，八角，干辣椒段，白糖，盐，味精，生抽，花生油

## 砂锅排骨

**主料：**鲜排骨 1200 克

**调料：**葱姜，花椒，干辣椒段，香叶，陈皮，盐，味精，糖色，老抽，生抽，啤酒，淀粉，花生油

## 清炸大肠

**主料：**鲜大肠 1300 克

**配料：**大葱白 400 克

**调料：**椒盐，盐，味精，酱油，红醋，生姜，香叶，花生油

## 酱香寸骨

**主料：**鲜猪寸骨 1200 克

**调料：**葱姜，花椒，八角，香叶，陈皮，桂皮，小茴香，沙仁，丁香，盐，味精，白糖，白酒，老抽，生抽，花生油

## 肉块南瓜盅

**主料：**鲜板栗南瓜一个 1500 克，鲜带皮五花肉 1000 克

**调料：**葱姜，八角，香叶，白糖，盐，味精，生抽，花生油

## 糖醋排骨

**主料：**鲜排骨 1000 克

**调料：**葱姜，白糖，红醋，生抽，盐，味精，鸡蛋，淀粉，面粉，花生油

## 排骨香菇

**主料：**鲜排骨 1300 克，水发香菇 120 克

**调料：**葱姜，花椒，八角，干辣椒段，盐，味精，老抽，生抽，糖色，淀粉，花生油

## 烤羊排

**主料：**鲜嫩羊排 1800 克

**调料：**香葱，生姜，花椒，香叶，陈皮，小茴香，盐，味精

## 干炸里脊条

**主料：**鲜里脊肉 500 克

**调料：**花椒面，盐，味精，鸡蛋，淀粉，面粉，花生油

## 㸆五香脊排

**主料：**鲜猪脊排 1500 克

**调料：**葱姜，五香粉，白糖，生抽，盐，味精，花生油

## 香辣肉丝

**主料：**鲜里脊肉 500 克

**调料：**葱姜，剁椒，盐，味精，鸡蛋，淀粉，花生油

## 红烧牛蹄筋

**主料：**鲜牛蹄筋 1300 克

**配料：**嫩香菜末 30 克

**调料：**葱姜，花椒，香叶，盐，味精，糖色，料酒，红醋，老抽，生抽，淀粉，花生油

## 松菇排骨

**主料：** 鲜肉排1200克，水发松菇200克

**调料：** 葱姜，八角，干辣椒段，盐，味精，糖色，老抽，生抽，花生油

## 酱香大梁骨

**主料：** 鲜羊大梁骨1800克

**调料：** 白糖，盐，味精，老抽，生抽，白酒，葱姜，花椒，八角，香叶，陈皮，桂皮，丁香，小茴香，沙仁，花生油

## 肉块口蘑

**主料：** 鲜里脊肉600克，鲜口蘑400克

**调料：** 葱姜，花椒，八角，白糖，生抽，盐，味精，淀粉，花生油

## 四喜丸子

**主料：**鲜颈背肉 700 克

**配料：**马蹄 60 克

**调料：**葱姜，八角，香叶，盐，味精，生抽，糖色，鸡蛋，淀粉，花生油

## 风味芝麻肉条

**主料：**鲜里脊肉 600 克，白芝麻 120 克

**调料：**葱姜，花椒，干辣椒段，盐，味精，鸡蛋，干面粉，花生油

## 奶汤猪蹄

**主料：**鲜猪蹄 1200 克

**配料：**鲜猪肘 500 克，鲜鸡 500 克，鲜鸭 500 克，枸杞 30 克，嫩菜心 50 克

**调料：**葱姜，盐，味精

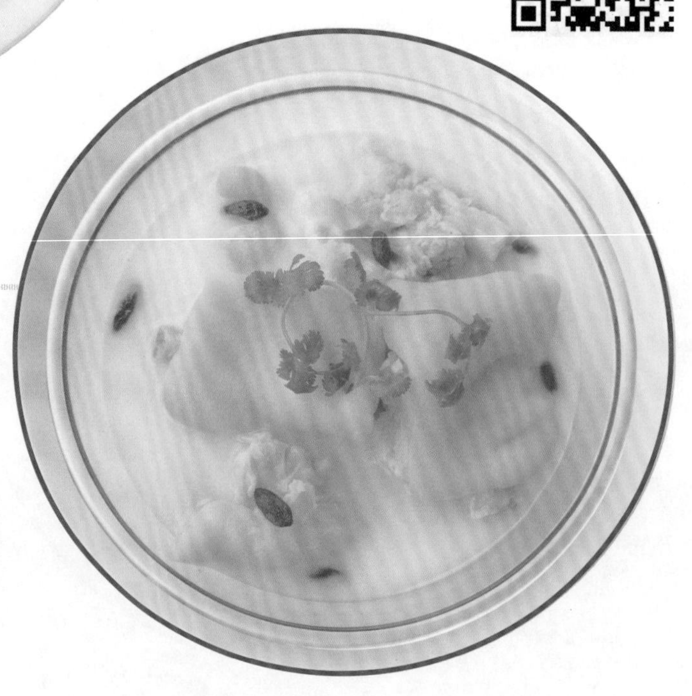

## 铁锅排骨

**主料：**鲜排骨 1300 克

**调料：**葱姜，花椒，八角，干辣椒段，香叶，陈皮，盐，味精，白糖，老抽，生抽，啤酒，淀粉，花生油

## 红油百叶

**主料：**鲜牛百叶 1300 克

**配料：**葱白 60 克

**调料：**辣椒油，香醋，盐，味精，料酒，葱姜，花椒，香叶

## 梅菜扣肉

**主料：**鲜带皮五花肉 900 克

**配料：**干梅菜 200 克

**调料：**蚝油，老抽，辣椒酱，盐，味精，酱油，葱姜，淀粉，花生油

## 辣炒牛蹄筋

**主料：**鲜牛蹄筋 1200 克，青红辣椒 100 克

**调料：**葱姜，花椒，香叶，盐，味精，料酒，红醋，老抽，生抽，花生油

## 排骨冬瓜汤

**主料：**鲜肉排 1200 克，嫩冬瓜 300 克

**调料：**葱姜，盐，味精

## 酱猪蹄

**主料：**鲜猪蹄 1500 克

**调料：**葱姜，八角，花椒，香叶，陈皮，桂皮，丁香，沙仁，小茴香，白糖，盐，味精，老抽，生抽，白酒，花生油

## 绣球丸子

**主料：**鲜里脊肉 800 克，鲜虾仁 200 克，火腿肉 100 克，水发蘑菇 100 克，嫩笋尖 100 克，嫩黄瓜把 100 克

**配料：**嫩香菜叶 80 克，枸杞 30 克

**调料：**葱姜，盐，味精，白胡椒粉，香油，鸡蛋，淀粉

## 五香肘子

**主料：**鲜带皮猪肘 1600 克

**调料：**五香粉，葱姜，白糖，盐，味精，老抽，生抽

## 腐竹烧肉

**主料：**鲜里脊肉 800 克，水发腐竹 400 克

**调料：**葱姜，花椒，盐，味精，老抽，生抽，糖色，淀粉，花生油

## 红烧排骨

**主料：**鲜排骨 1300 克

**调料：**葱姜，花椒，八角，干辣椒段，盐，味精，老抽，生抽，糖色，淀粉，花生油

## 红烧肚条

**主料：**鲜猪肚 1200 克

**调料：**葱姜，八角，白糖，盐，味精，红醋，料酒，淀粉，花生油

## 椒盐排骨

**主料：**鲜肉排 1200 克

**调料：**椒盐，葱姜，丁香，小茴香，陈皮，盐，味精，生抽，料酒，花生油

## 红烧羊脸

**主料：**鲜去骨羊脸 1200 克

**调料：**葱姜，花椒，干辣椒段，盐，味精，老抽，生抽，料酒，红醋，糖色，淀粉，花生油

## 滋补猪蹄

**主料：**鲜猪蹄 1200 克，人参 1 棵

**配料：**大红枣 80 克，枸杞 30 克，嫩菜心 50 克

**调料：**葱姜，盐，味精

## 酱香肘子骨

**主料：**鲜猪肘子骨 1800 克

**调料：**白糖，盐，味精，老抽，生抽，白酒，葱姜，花椒，八角，香叶，陈皮，桂皮，丁香，小茴香，沙仁，花生油

## 辣炒大肠

**主料：**鲜大肠 1200 克

**配料：**青红辣椒块 60 克

**调料：**葱姜，盐，花椒，香叶，味精，白糖，料酒，红醋，生抽，淀粉，花生油

## 红焖羊肉

**主料：**鲜羊肉 1300 克

**配料：**香菜段 60 克，小米椒段 60 克

**调料：**葱姜，花椒，蚝油，老抽，生抽，料酒，盐，味精，淀粉，花生油

## 糖醋里脊条

**主料：**鲜里脊肉 500 克

**调料：**大蒜瓣，盐，味精，白糖，红醋，生抽，鸡蛋，淀粉，面粉，花生油

## 肉块杏鲍菇

**主料**：鲜里脊肉 700 克，鲜杏鲍菇 400 克

**调料**：葱姜，花椒，八角，白糖，生抽，盐，味精，淀粉，花生油

## 家常蒸丸

**主料**：鲜里脊肉 600 克，水发大海米 120 克，大白菜头 100 克，水发木耳 100 克，鲜胡萝卜 100 克

**调料**：葱姜，盐，味精，白胡椒粉，鸡蛋，干淀粉

## 铁板腰花

**主料**：鲜猪腰子 800 克

**配料**：嫩笋尖 60 克，水发木耳 50 克

**调料**：大蒜瓣，盐，味精，红醋，老抽，生抽，白胡椒粉，淀粉，花生油

## 酱爆肉丝

**主料：** 鲜里脊肉 600 克

**调料：** 葱姜，甜面酱，盐，味精，鸡蛋，淀粉，花生油

## 板栗烧肉

**主料：** 鲜带皮五花肉 1200 克，去皮板栗 200 克

**调料：** 葱姜，花椒，八角，干辣椒段，白糖，盐，味精，生抽，淀粉，花生油

## 酱香羊排

**主料：** 鲜羊排 2000 克

**配料：** 嫩香菜叶 50 克

**调料：** 葱姜，花椒，八角，香叶，陈皮，桂皮，小茴香，沙仁，丁香，白糖，盐，味精，白酒，老抽，生抽，花生油

## 葱爆肉

**主料：**鲜里脊肉 600 克，大葱白 80 克

**调料：**盐，味精，生抽，鸡蛋，淀粉，花生油

## 排骨白萝卜

**主料：**鲜排骨 1000 克

**配料：**白萝卜 300 克，嫩菜心 50 克，枸杞 30 克

**调料：**葱姜，盐，味精

## 手撕五香腊肉

**主料：**鲜带皮五花肉 2000 克

**调料：**五香粉，葱姜，粗盐，味精，白酒

## 猪耳尖椒

**主料**：鲜猪耳 900 克，鲜嫩尖椒 200 克

**调料**：葱姜，八角，花椒，香叶，陈皮，桂皮，小茴香，沙仁，丁香，盐，味精，白糖，白酒，老抽，生抽，香油，白醋，花生油

## 油淋排骨

**主料**：鲜肉排 1300 克

**调料**：葱姜，花椒，八角，香叶，陈皮，桂皮，丁香，沙仁，小茴香，花生油，盐，味精，白糖，白酒，老抽，生抽

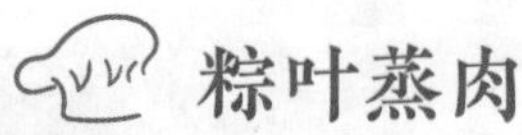

## 粽叶蒸肉

**主料**：鲜带皮五花肉 1000 克

**配料**：干粽叶适量

**调料**：葱姜，老干妈，老抽，生抽，盐，味精

## 葱烧蜂窝肚

**主料：**鲜牛蜂窝肚 1100 克，大葱白 200 克

**调料：**葱姜，花椒，香叶，盐，味精，料酒，红醋，糖色，老抽，生抽，淀粉，花生油

## 香菇肘子

**主料：**鲜带皮猪肘子 1500 克，水发香菇 100 克

**调料：**葱姜，八角，香叶，陈皮，小茴香，白糖，盐，味精，老抽，生抽，酱油，淀粉，花生油

## 猪皮冻

**主料：**鲜猪皮 1000 克

**调料：**大蒜瓣，盐，味精，生抽，香油

## 麻辣里脊块

**主料：**鲜里脊肉 1200 克

**配料：**熟白芝麻 12 克，青椒片 20 克，

**调料：**葱姜，花椒，干辣椒段，盐，味精，蚝油，白酒，花生油

## 辣炒肚条

**主料：**鲜猪肚 1100 克

**配料：**青红辣椒 100 克

**调料：**葱姜，花椒，香叶，盐，味精，老抽，生抽，红醋，料酒，淀粉，花生油

## 猪耳蒜薹

**主料：**酱猪耳 700 克

**配料：**嫩蒜薹 200 克，小米椒 60 克

**调料：**葱姜，盐，味精，香醋，料酒，香油，花生油

## 清炖排骨

**主料：**鲜肉排 1200 克

**配料：**嫩菜心 50 克，枸杞 30 克

**调料：**葱姜，盐，味精

## 肉块山药段

**主料：**鲜里脊肉 800 克，铁棍山药 400 克

**调料：**葱姜，花椒，白糖，生抽，盐，味精，淀粉，花生油

## 酱香腱子肉

**主料：**鲜腱子肉 1000 克

**调料：**葱姜，花椒，八角，香叶，陈皮，桂皮，丁香，沙仁，小茴香，白糖，老抽，生抽，盐，味精，花生油

## 蒜爆羊肉

**主料：**鲜羊肉 600 克

**配料：**大蒜瓣 50 克

**调料：**盐，味精，鸡蛋，生抽，红醋，糖色，淀粉，花生油

## 红扒营养丸

**主料：**鲜里脊肉 800 克

**配料：**鲜胡萝卜细末 100 克，水发大海米细末 80 克，水发香菇细末 60 克

**调料：**葱姜，盐，味精，生抽，鸡蛋，淀粉，花生油

## 松菇炖肉

**主料：**鲜带皮五花肉 1100 克，水发松菇 250 克

**配料：**葱丝 30 克，小米椒圈 10 克

**调料：**葱姜，八角，白糖，生抽，淀粉，花生油

## 麻辣猪脆骨

**主料：** 鲜猪脆骨 700 克

**调料：** 葱姜，花椒，干辣椒段，盐，味精，料酒，蚝油，生抽，淀粉，花生油

## 排骨板栗

**主料：** 鲜排骨 1300 克，板栗 200 克

**调料：** 葱姜，花椒，八角，干辣椒段，白糖，盐，味精，生抽，淀粉，花生油

## 南煎丸子

**主料：** 鲜里脊肉 700 克

**配料：** 水发香菇 100 克，水发海米 120 克

**调料：** 葱姜，盐，味精，鸡蛋，淀粉，花生油

## 大肠脆萝卜

**主料：** 鲜大肠 1200 克

**配料：** 水果萝卜 150 克

**调料：** 葱姜，花椒，干辣椒段，盐，味精，白糖，料酒，红醋，生抽，淀粉，花生油

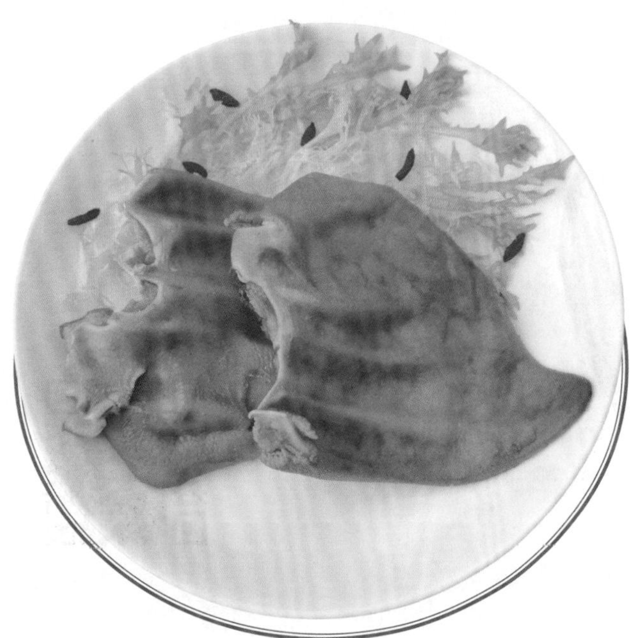

## 酱香猪耳

**主料：** 鲜猪耳 800 克

**配料：** 嫩苦菊 80 克，枸杞 20 克

**调料：** 盐，味精，白糖，白酒，老抽，生抽，葱姜，花椒，八角，香叶，陈皮，桂皮，小茴香，沙仁，丁香，花生油

## 香菇炖肉

**主料：** 鲜带皮五花肉 1200 克，水发香菇 300 克

**调料：** 葱姜，花椒，香叶，白糖，盐，味精，生抽，淀粉，花生油

## 辣炒牛肚

**主料：**鲜牛肚 1100 克

**配料：**青红辣椒 100 克

**调料：**葱姜，花椒，香叶，红醋，料酒，老抽，生抽，盐，味精，淀粉，花生油

## 烤孜然羊排

**主料：**鲜嫩羊排 1600 克

**调料：**孜然面，辣椒面，盐，味精

## 香辣排骨

**主料：**鲜肉排 1100 克

**配料：**干辣椒段 50 克，花椒 15 克，白芝麻 8 克，香菜段 30 克

**调料：**葱姜，香叶，陈皮，八角，丁香，盐，味精，白酒，生抽，花生油

## 葱炒牛蹄筋

**主料：**鲜牛蹄筋 1600 克

**配料：**大葱白 80 克

**调料：**生姜，香叶，花椒，盐，味精，料酒，红醋，老抽，生抽，花生油

## 肉块冬瓜盅

**主料：**鲜冬瓜 1 个 2000 克，鲜带皮五花肉 1200 克

**调料：**葱姜，花椒，八角，干辣椒段，香叶，白糖，盐，味精，生抽，花生油

## 香葱猪耳

**主料：**酱猪耳 700 克

**配料：**嫩香葱 200 克，小米椒 40 克

**调料：**盐，味精，生抽，香醋，香油，花生油

## 排骨老豆腐

**主料：**鲜肉排 1200 克

**配料：**老豆腐 300 克，菜心 50 克，枸杞 30 克

**调料：**葱姜，盐，味精

## 葱炒肚条

**主料：**鲜猪肚 1000 克，大葱白 100 克

**调料：**盐，味精，老抽，生抽，红醋，料酒，花椒，香叶，淀粉，花生油

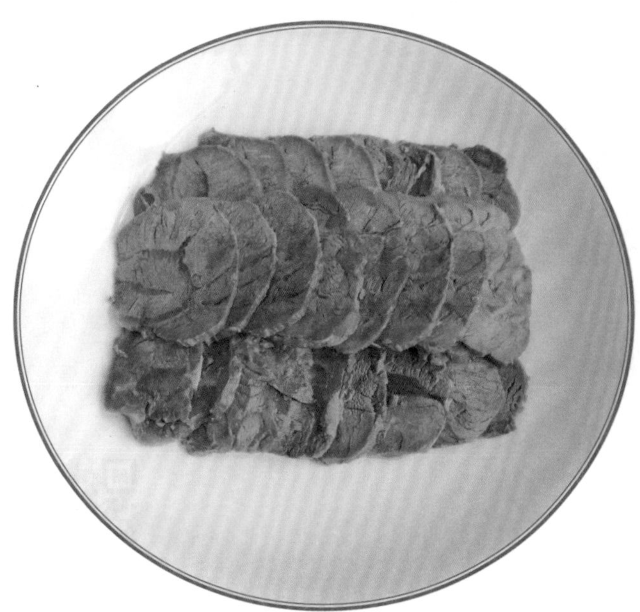

## 酱牛肉

**主料：**鲜牛肉 1800 克

**调料：**盐，味精，白糖，白酒，老抽，生抽，花生油，葱姜，花椒，八角，香叶，陈皮，桂皮，丁香，沙仁，小茴香

## 糖醋菠萝里脊条

**主料：**鲜里脊肉 500 克，鲜菠萝 300 克

**调料：**葱姜，白糖，红醋，生抽，盐，味精，鸡蛋，淀粉，面粉，花生油

## 鸽蛋扣肉

**主料：**鲜带皮五花肉 1000 克，鲜鸽子蛋 200 克

**调料：**蚝油，老抽，生抽，酱油，盐，味精，葱姜，八角，陈皮，淀粉，花生油

## 大肠豆腐

**主料：**鲜大肠 1100 克

**配料：**豆腐 300 克，小米椒段 50 克

**调料：**葱姜，盐，味精，白糖，红醋，生抽，淀粉，花生油

## 清炖猪蹄

**主料：**鲜猪蹄 1300 克

**配料：**嫩菜心 50 克

**调料：**葱姜，盐，味精

## 香葱牛肚

**主料：**鲜牛肚 1200 克，香葱段 100 克

**调料：**花椒，剁椒，红醋，料酒，生抽，盐，味精，淀粉，花生油，香叶

## 海带扣烧肉

**主料：**鲜颈背肉 1000 克，水发海带扣 200 克

**调料：**葱姜，八角，花椒，干辣椒段，白糖，盐，味精，生抽，淀粉，花生油

## 铁板牛柳

**主料**：鲜牛肉 1000 克

**配料**：水发香菇 80 克

**调料**：葱姜，鸡蛋，白胡椒粉，盐，味精，老抽，生抽，白醋，淀粉，花生油

## 辣爆肉

**主料**：鲜里脊肉 600 克，青红辣椒 200 克

**调料**：葱姜，盐，味精，生抽，鸡蛋，淀粉，花生油

益 | 本 | 佳 | 肴

YI BEN JIA YAO

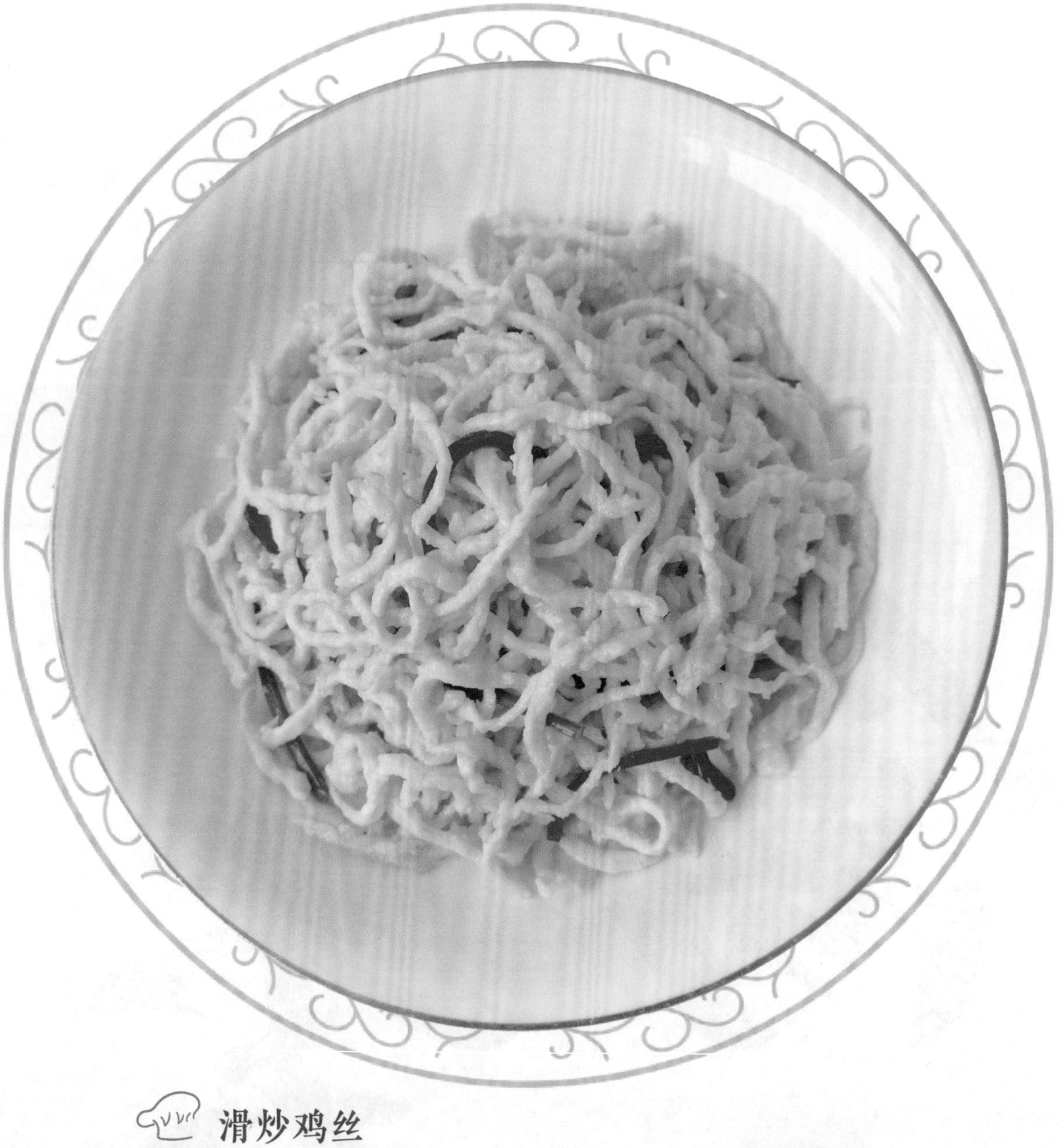

## 滑炒鸡丝

**主料**：鲜鸡脯肉 500 克

**配料**：嫩韭苔 50 克，鲜红柿椒 50 克

**调料**：葱姜，盐，味精，鸡蛋，淀粉，花生油

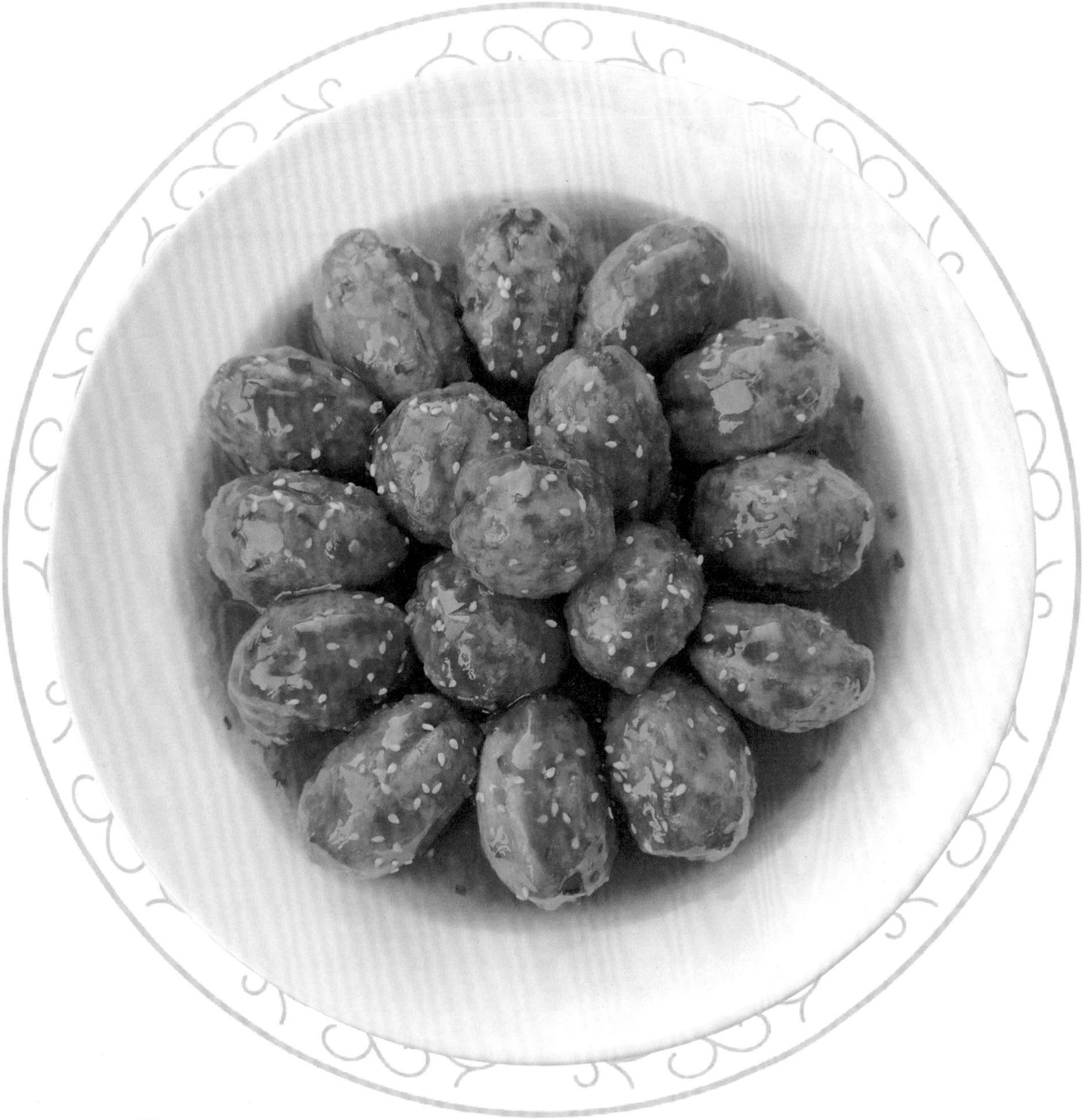

## 脆皮鸳鸯蛋

**主料：**熟鸡蛋 8 个，鲜里脊肉 500 克

**配料：**熟白芝麻 5 克，青红辣椒丁 15 克

**调料：**葱姜，白糖，生抽，盐，味精，鸡蛋，淀粉，花生油

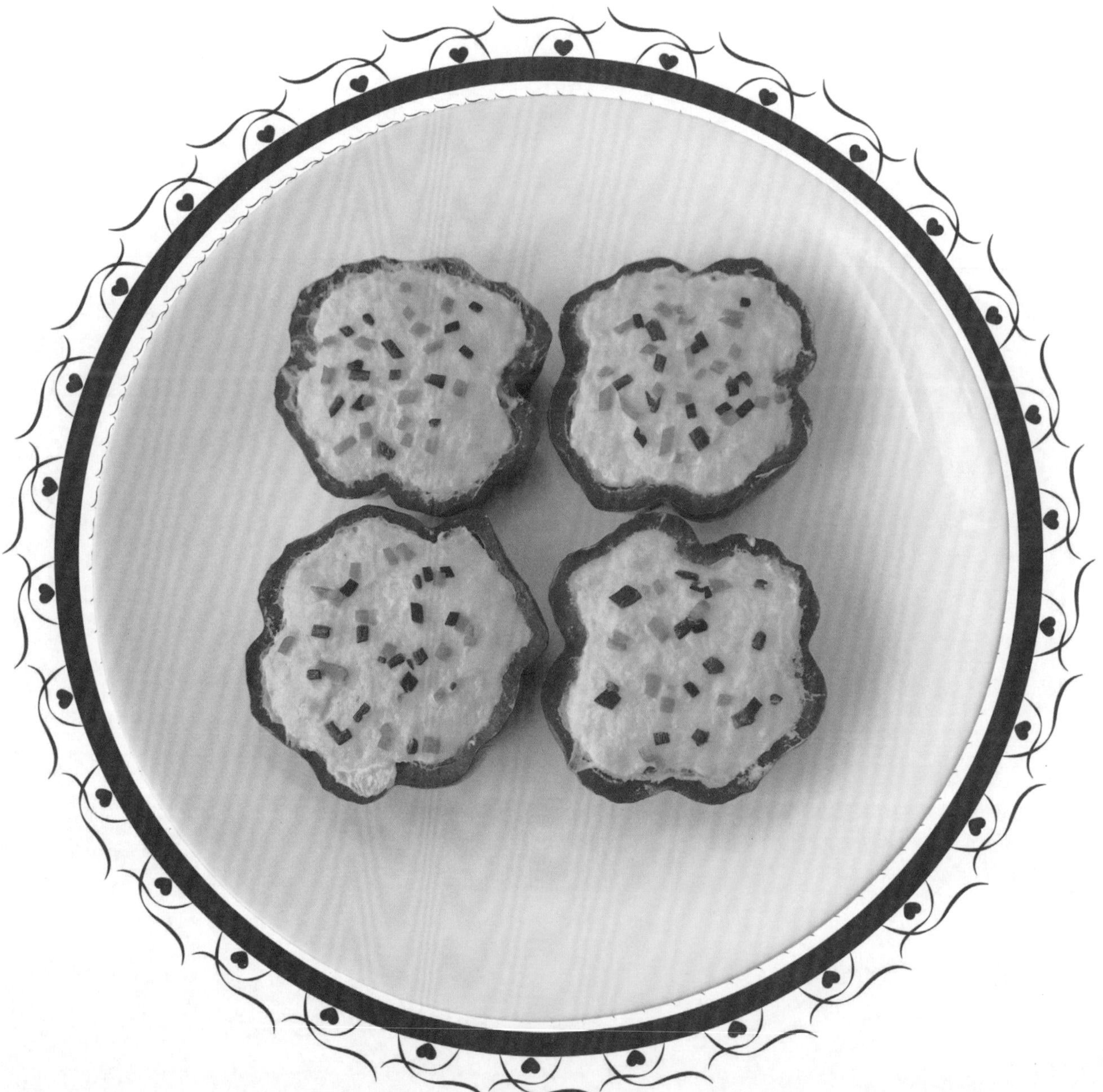

## 营养柿椒

**主料：** 鲜红柿椒 4 个，鲜鸡脯肉 260 克

**配料：** 鲜青红辣椒末 30 克

**调料：** 葱姜，鸡蛋，盐，味精

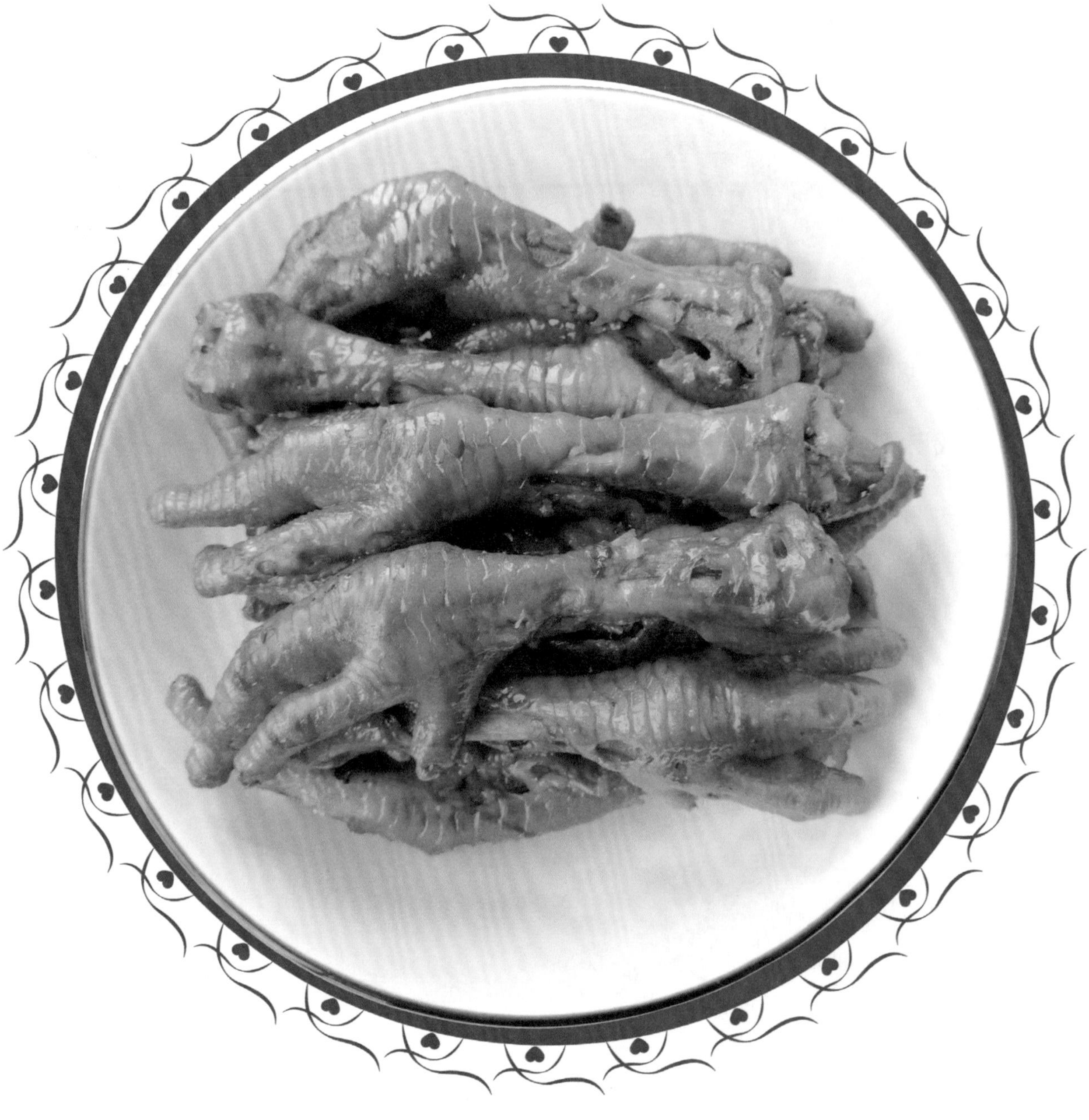

## 五香鸡爪

主料：鲜鸡爪 900 克

调料：葱姜，五香粉，白糖，盐，味精，花生油

## 宫爆鸡丁

**主料**：鲜鸡脯肉 600 克，去皮花生米 100 克

**调料**：葱姜，干辣椒段，鸡蛋，盐，味精，糖色，红醋，生抽，老抽，辣椒油，淀粉，花生油

## 风味翅根

**主料**：鲜鸡翅根 1000 克

**调料**：香葱，生姜，花椒，八角，香叶，丁香，白酒，生抽，蚝油，盐，味精，花生油

## 香酥翅中

**主料**：鲜翅中 700 克

**配料**：嫩香菜叶 40 克，番茄果 40 克

**调料**：葱姜，八角，花椒，陈皮，丁香，小茴香，白酒，盐，味精，鸡蛋，淀粉，面粉，花生油

## 软炸鸡柳

**主料：** 鲜鸡脯肉 600 克

**调料：** 葱姜，花椒，鸡蛋，盐，味精，料酒，干淀粉，干面粉，花生油

## 翅中芝麻香

**主料：** 鲜翅中 1000 克

**配料：** 熟白芝麻 20 克，青红辣椒末 20 克

**调料：** 葱姜，香叶，白糖，盐，味精，花生油

## 麻辣鸡脆骨

**主料：** 鲜鸡脆骨 600 克

**配料：** 熟白芝麻 12 克，青椒片 20 克

**调料：** 葱姜，花椒，干辣椒段，盐，味精，料酒，蚝油，生抽，干淀粉，花生油

## 辣爆牛蛙

**主料：**活牛蛙 1300 克

**配料：**小米椒 60 克

**调料：**葱姜，盐，味精，料酒，红醋，糖色，老抽，生抽，淀粉，花生油

## 叫花鸡

**主料：**嫩母鸡 1 只 1200 克

**配料：**去皮鲜板栗 300 克，干面粉 1000 克，干荷叶 2 张

**调料：**葱姜，盐，味精，料酒，生抽，蚝油，花椒，陈皮，小茴香

## 油淋鸭子

**主料：**鲜鸭子 1200 克

**调料：**盐，味精，白糖，老抽，生抽，白酒，葱姜，香叶，八角，花椒，陈皮，桂皮，丁香，沙仁，小茴香，花生油

## 熇五香翅根

**主料：** 鲜鸡翅根 1000 克

**调料：** 葱姜，白糖，五香粉，盐，味精，花生油

## 猴头戏青蛙

**主料：** 干猴头菇 2 个 80 克，鲜鸡脯肉 500 克，嫩黄瓜 300 克，黑豆 28 粒，鲜胡萝卜 60 克

**配料：** 嫩苦菊 200 克，鲜肘子骨 500 克，鲜鸡 500 克，鲜鸭 500 克

**调料：** 葱姜，花椒，八角，香叶，小茴香，盐，味精，老抽，生抽，鸡蛋，淀粉，花生油

## 铁锅鸡块

**主料：** 鲜鸡 1400 克

**调料：** 葱姜，花椒，八角，干辣椒段，香叶，陈皮，盐，味精，白糖，老抽，生抽，啤酒，淀粉，花生油

## 炸芙蓉鸭子

**主料：**熟入味鸭脯肉 500 克，鲜鸡蛋 7 个

**配料：**白芝麻 15 克

**调料：**干淀粉，花生油

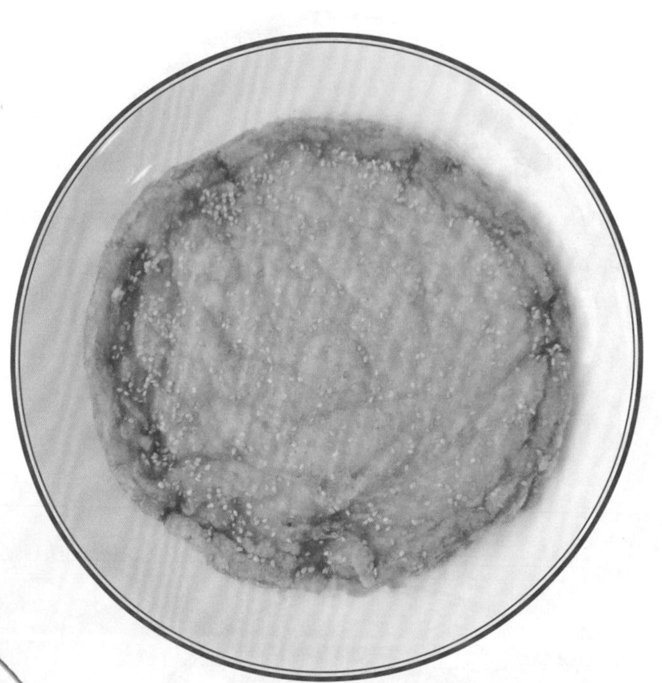

## 香菇土鸡

**主料：**鲜土鸡 1200 克，水发香菇 200 克

**调料：**葱姜，八角，香叶，干辣椒段，盐，味精，料酒，老抽，生抽，白糖，淀粉，花生油

## 手抓翅根

**主料：**鲜鸡翅根 1500 克

**配料：**小米椒 50 克，小香葱 50 克

**调料：**葱姜，花椒，八角，香叶，白糖，蚝油，生抽，盐，味精，淀粉，花生油

## 炸面包鸡托

**主料**：鲜鸡胸肉 500 克，咸面包片 500 克

**配料**：嫩苦菊 200 克，枸杞 30 克

**调料**：生姜，盐，味精，鸡蛋，淀粉，花生油

## 炸五香翅中

**主料**：鲜翅中 600 克

**调料**：五香粉，盐，味精，白酒，鸡蛋，淀粉，面粉，花生油

## 虎皮蛋烧肉

**主料**：鲜鸡蛋 500 克，鲜里脊肉 600 克

**调料**：葱姜，花椒，盐，味精，老抽，生抽，糖色，淀粉，花生油

## 油淋鸡腿

**主料：**鲜鸡腿 900 克

**调料：**盐，味精，白糖，白酒，老抽，生抽，八角，花椒，香叶，桂皮，陈皮，丁香，小茴香，沙仁，葱姜，花生油

## 红烧鸭肠

**主料：**鲜鸭肠 1200 克

**调料：**葱姜，花椒，干辣椒段，盐，味精，白糖，生抽，料酒，红醋，淀粉，花生油

## 菜心盐水鸽蛋

**主料：**鲜鸽蛋 500 克，鲜嫩油菜心 600 克

**配料：**枸杞 30 克

**调料：**葱姜，盐，味精，料酒，花椒，香叶，花生油

## 板栗烧鸡

**主料：**鲜鸡腿 1000 克，板栗 200 克

**调料：**葱姜，八角，花椒，干辣椒段，盐，味精，料酒，白糖，老抽，生抽，淀粉，花生油

## 酱香鸭子

**主料：**鲜鸭子 1200 克

**调料：**葱姜，花椒，八角，香叶，陈皮，桂皮，丁香，沙仁，小茴香，白糖，盐，味精，老抽，生抽，白酒，花生油

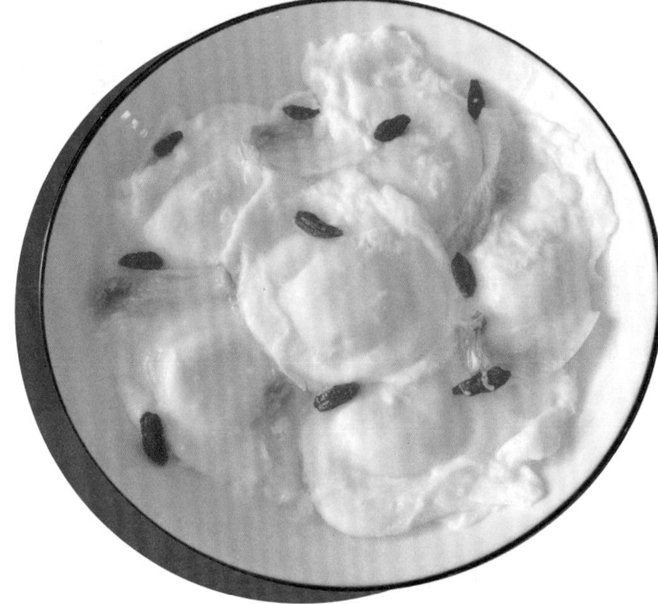

## 水煮荷包蛋

**主料：**鲜鸡蛋 600 克

**配料：**嫩菜心 50 克，枸杞 30 克

**调料：**盐，味精，香油

## 酱鸡胗

**主料：**鲜鸡胗 1000 克

**调料：**葱姜，盐，味精，白糖，老抽，生抽，八角，花椒，香叶，陈皮，桂皮，沙仁，丁香，小茴香，花生油，白酒

## 啤酒鸭

**主料：**鲜鸭子 1200 克，啤酒 400 克

**配料：**大红枣 80 克，枸杞 30 克

**调料：**葱姜，盐，味精，花生油

## 砂锅鸡块

**主料：**鲜鸡 1200 克

**调料：**葱姜，花椒，八角，干辣椒段，香叶，陈皮，盐，味精，白糖，老抽，生抽，啤酒，淀粉，花生油

## 烤五香翅中

**主料：**鲜翅中 1000 克

**调料：**五香粉，盐，味精，白酒，蚝油，花生油

## 菜心虎皮鸽蛋

**主料：**鲜鸽子蛋 500 克，嫩油菜心 600 克

**配料：**枸杞 30 克

**调料：**葱姜，盐，味精，料酒，生抽，香油，糖色，淀粉，花生油

## 黄焖鸡块

**主料：**鲜鸡腿 1000 克

**配料：**青辣椒 50 克

**调料：**葱姜，八角，花椒，干辣椒段，蚝油，老抽，生抽，白糖，料酒，盐，味精，淀粉，花生油

## 炸鸡排

**主料：**鲜鸡脯肉 500 克，面包糠 150 克

**调料：**葱姜，盐，味精，鸡蛋，淀粉，花生油

## 滋补鸡块

**主料：**鲜土鸡 1000 克，人参 1 棵

**配料：**大红枣 50 克，枸杞 30 克，嫩菜心 50 克

**调料：**葱姜，盐，味精

## 盐水鸭肚

**主料：**鲜鸭肚 1100 克

**配料：**嫩苦菊 80 克，枸杞 30 克，鲜鸭骨 600 克

**调料：**香葱，生姜，香叶，花椒，陈皮，小茴香，沙仁，丁香，盐，味精，料酒，红醋，生抽

## 鸡块冬瓜盅

**主料：**鲜冬瓜半个 2000 克，鲜鸡 1200 克

**调料：**高汤，葱姜，花椒，八角，干辣椒段，白糖，盐，味精，生抽，淀粉，花生油

## 清炸翅中

**主料：**鲜翅中 900 克

**调料：**葱姜，花椒，八角，香叶，陈皮，桂皮，丁香，小茴香，盐，味精，白酒，花生油

## 歌乐山辣子鸡

**主料：**鲜鸡腿 900 克

**配料：**干辣椒 60 克，花椒 15 克，熟白芝麻 5 克

**调料：**葱姜，盐，味精，料酒，生抽，白胡椒粉，淀粉，花生油

## 清氽鸡丸

**主料**：鲜鸡脯肉 900 克

**配料**：嫩菜心 30 克，枸杞 30 克

**调料**：生姜，盐，味精

## 椒盐鸡柳

**主料**：鲜鸡脯肉 600 克

**调料**：椒盐，葱姜，鸡蛋，盐，味精，料酒，干淀粉，干面粉，花生油

## 辣炒鸭胗

**主料**：鲜鸭胗 700 克

**配料**：青红辣椒 80 克

**调料**：葱姜，花椒，香叶，盐，味精，糖色，料酒，红醋，淀粉，花生油

## 茄汁翅中

**主料：**鲜翅中 1000 克

**调料：**葱姜，花椒，香叶，陈皮，番茄酱，白糖，盐，味精，生抽，白醋，料酒，淀粉，花生油

## 滋补鸽子

**主料：**鲜鸽子 900 克，人参 1 棵

**配料：**大红枣 80 克，枸杞 30 克，菜心 50 克

**调料：**葱姜，盐，味精

## 鸽蛋肉末

**主料：**鲜鸽子蛋 600 克，鲜肉末 100 克

**调料：**葱姜，盐，味精，生抽，糖色，淀粉，花生油

## 红烧鸡爪

**主料：**鲜鸡爪 800 克

**调料：**葱姜，花椒，白糖，盐，味精，生抽，淀粉，花生油

## 红烧鸡脆骨

**主料：**鲜鸡脆骨 600 克

**调料：**葱姜，干辣椒段，盐，味精，白糖，生抽，料酒，淀粉，花生油

## 松菇土鸡

**主料：**鲜土鸡 1300 克，水发松菇 300 克

**调料：**葱姜，花椒，干辣椒段，盐，味精，糖色，生抽，花生油

## 美味苦瓜

**主料：**鲜嫩苦瓜 600 克，鲜鸡脯肉 500 克

**调料：**葱姜，盐，味精，明油，鸡蛋，淀粉

## 红烧鸳鸯蛋

**主料：**熟鸡蛋 8 个，鲜里脊肉 500 克

**调料：**葱姜，花椒，盐，味精，生抽，糖色，淀粉，花生油

## 红烧辣子鸡块

**主料：**鲜土鸡 1300 克

**配料：**青红辣椒 120 克

**调料：**葱姜，八角，香叶，盐，味精，糖色，老抽，生抽，淀粉，花生油

## 酱香鸡爪

**主料**：鲜鸡爪 900 克

**配料**：鲜猪肘子骨 600 克

**调料**：葱姜，花椒，八角，香叶，陈皮，桂皮，沙仁，丁香，小茴香，白糖，盐，味精，白酒，老抽，生抽，花生油

## 奶汤鸭子

**主料**：鲜整只鸭子 1200 克

**配料**：鲜猪肘子 600 克，鲜鸡 500 克，鲜鸭 500 克，嫩菜心 50 克，枸杞 30 克

**调料**：葱姜，盐，味精

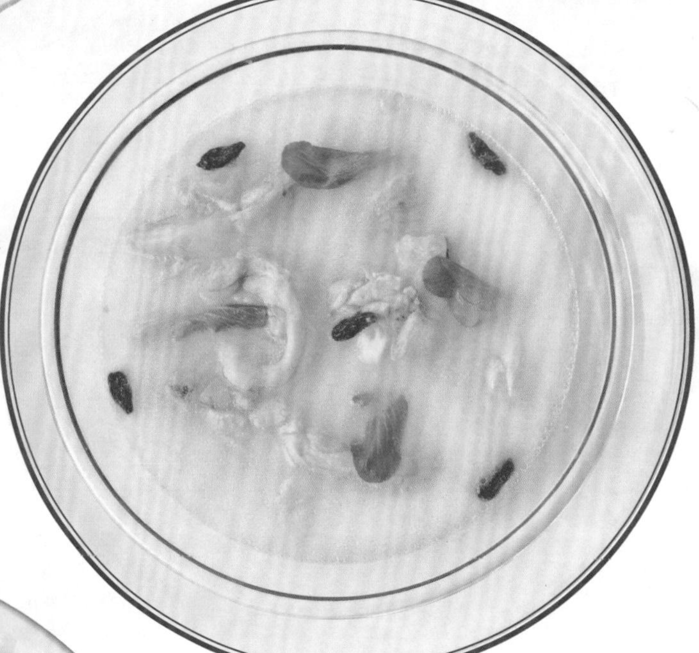

## 㸆啤酒翅中

**主料**：鲜翅中 1000 克

**调料**：啤酒，葱姜，白糖，盐，味精，生抽

## 辣爆鸡丁

**主料：**鲜鸡脯肉 500 克

**配料：**鲜小米椒 50 克

**调料：**葱姜，盐，味精，老抽，生抽，糖色，淀粉，鸡蛋，花生油

## 盐水鸭

**主料：**鲜鸭子 1200 克

**配料：**生菜叶 120 克

**调料：**香葱，生姜，花椒，香叶，陈皮，小茴香，沙仁，丁香，白酒，红醋，生抽，盐，味精

## 滋补乌鸡

**主料：**鲜乌鸡 1200 克，人参 1 棵

**配料：**大红枣 60 克，枸杞 30 克，菜心 30 克

**调料：**葱姜，盐，味精

## 凤凰蛋

**主料：**鲜鸡蛋 600 克，鲜鸡脯肉 400 克，鲜里脊肉 200 克

**调料：**葱姜，盐，味精，生抽，鸡蛋，淀粉，花生油

## 红烧鸡块

**主料：**鲜土鸡 1300 克

**调料：**葱姜，八角，香叶，干辣椒段，白糖，盐，味精，生抽，淀粉，花生油

## 蒜蓉鸭胗

**主料：**鲜鸭胗 700 克

**配料：**大蒜末 80 克

**调料：**葱姜，花椒，香叶，盐，味精，糖色，料酒，红醋，淀粉，花生油

## 辣炒鸭肠

**主料：**鲜鸭肠 1200 克

**配料：**青红辣椒 80 克

**调料：**葱姜，花椒，香味，白糖，盐，味精，生抽，料酒，红醋，淀粉，花生油

## 虎皮鸡腿

**主料：**鲜鸡腿 900 克

**配料：**嫩苦菊叶 30 克

**调料：**葱姜，八角，花椒，香叶，陈皮，桂皮，丁香，小茴香，料酒，生抽，盐，味精，花生油

## 铁板牛蛙

**主料：**活牛蛙 2000 克

**调料：**葱姜，花椒，盐，味精，料酒，红醋，糖色，老抽，生抽，淀粉，花生油

## 㸆翅中

**主料：** 鲜翅中 1000 克

**调料：** 葱姜，香叶，陈皮，白糖，盐，味精，花生油

## 枸杞三丝蛋

**主料：** 鲜鸡蛋 500 克，鲜里脊肉 200 克，枸杞 30 克

**调料：** 葱姜，盐，味精，生抽，花生油

## 鸡块茄子盅

**主料：** 鲜土鸡 1000 克，嫩茄子 1 个 1400 克

**配料：** 水发香菇 200 克

**调料：** 葱姜，八角，干辣椒段，香叶，陈皮，盐，味精，老抽，生抽，糖色，花生油

## 红烧鸡胗

**主料：**鲜鸡胗 800 克

**调料：**葱姜，花椒，干辣椒段，盐，味精，白糖，生抽，料酒，红醋，淀粉，花生油

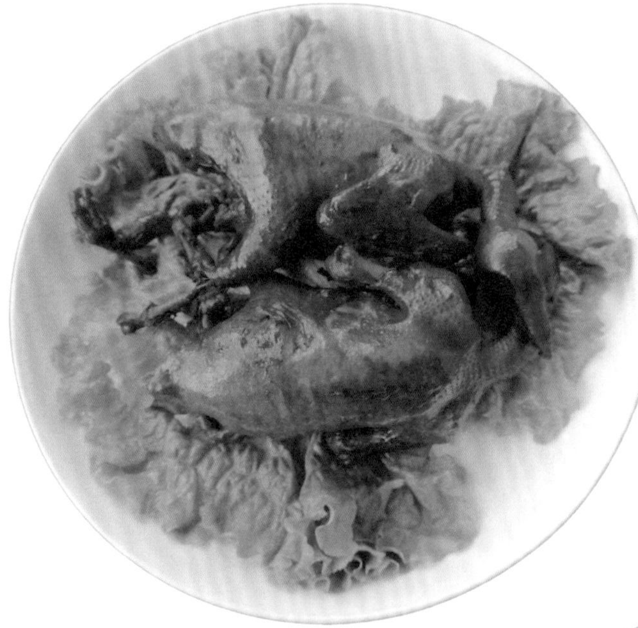

## 油淋双鸽

**主料：**鲜鸽子 2 只 900 克

**配料：**生菜叶 150 克

**调料：**葱姜，花椒，八角，香叶，陈皮，桂皮，丁香，小茴香，沙仁，盐，味精，白糖，白酒，老抽，生抽，花生油

## 烤翅中

**主料：**鲜翅中 800 克

**调料：**香葱，花椒，八角，陈皮，小茴香，丁香，生姜，蚝油，盐，味精，生抽，白酒，花生油

## 滑炒鸡片

**主料：**鲜鸡脯肉 500 克

**配料：**嫩黄瓜片 30 克，水发香菇 30 克

**调料：**葱料，盐，味精，鸡蛋，香油，淀粉，花生油

## 红烧虎皮蛋

**主料：**鲜鸡蛋 700 克

**调料：**葱姜，花椒，盐，味精，糖色，淀粉，生抽，花生油

## 酱香鸭肠

**主料：**鲜鸭肠 1200 克

**调料：**白糖，盐，味精，老抽，生抽，料酒，红醋，葱姜，花椒，八角，香叶，陈皮，桂皮，丁香，沙仁，小茴香，花生油

## 菜心酱鸡蛋

**主料：** 鲜鸡蛋 800 克，嫩油菜心 700 克

**配料：** 枸杞 30 克

**调料：** 葱姜，盐，味精，白糖，老抽，生抽，料酒，香油，淀粉，花椒，八角，香叶，陈皮，丁香，小茴香，花生油

## 剁椒翅中

**主料：** 鲜翅中 1000 克

**配料：** 剁椒 60 克

**调料：** 葱姜，花椒，盐，味精，味极鲜，淀粉，花生油

## 清炖鸡块

**主料：** 鲜土鸡 1000 克

**配料：** 嫩菜心 50 克，枸杞 30 克

**调料：** 葱姜，盐，味精

## 蒜爆牛蛙

**主料：** 活牛蛙 1300 克，大蒜瓣 80 克

**配料：** 香葱段 20 克

**调料：** 盐，味精，料酒，红醋，糖色，老抽，生抽，淀粉，花生油

益 | 本 | 佳 | 肴

YI BEN JIA YAO

# 荤素类

HUN SU LEI

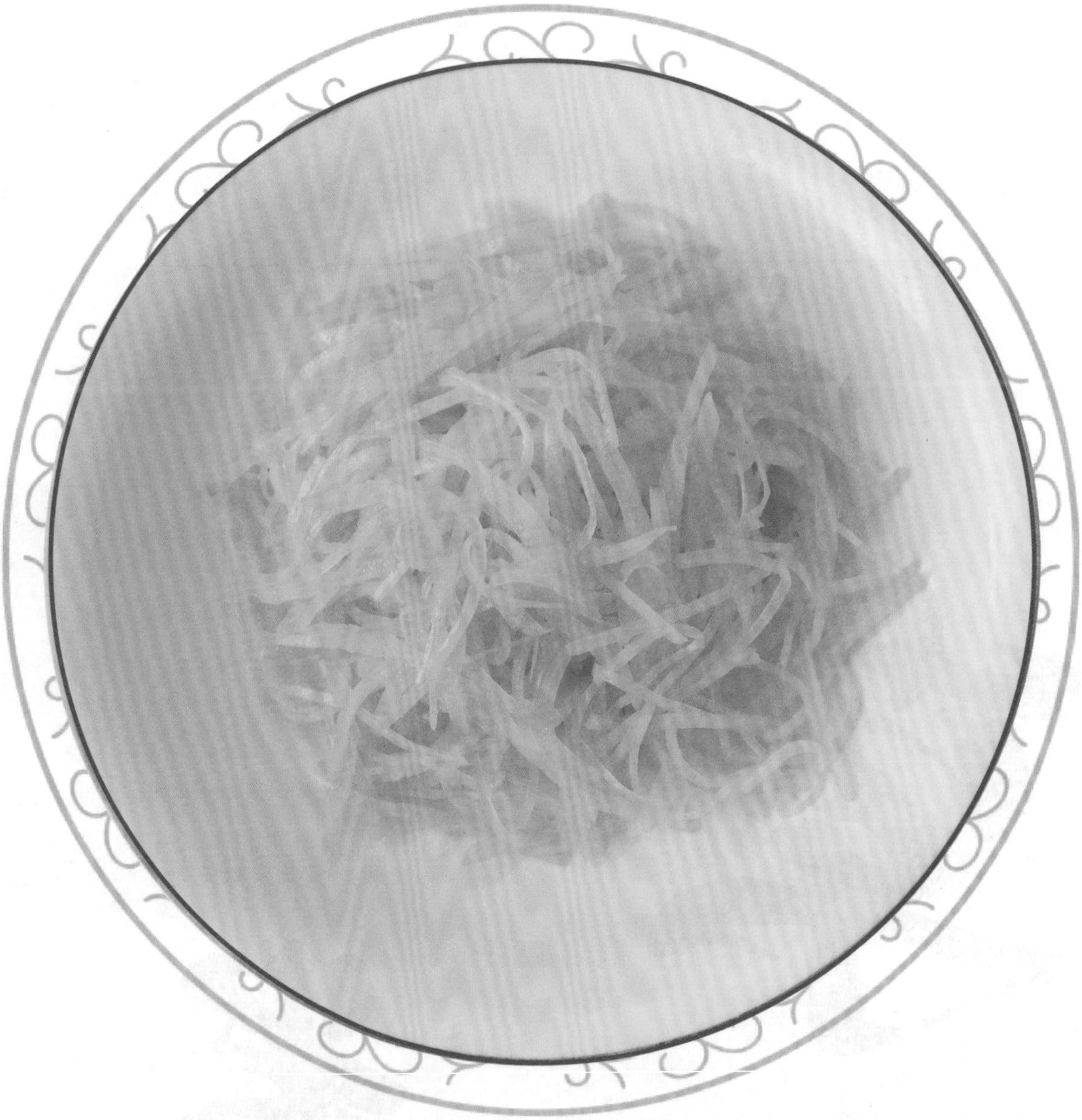

## 醋烹土豆丝

**主料：**鲜土豆 700 克

**调料：**花椒油，白醋，盐，味精，花生油

## 蜜汁苦瓜

主料：嫩苦瓜 300 克

调料：蜂蜜，白醋

# 精品三

## 蜜汁地瓜丸

**主料**：鲜地瓜 250 克，干糯米粉 250 克，白糖 120 克

**调料**：冰糖，蜂蜜，淀粉，花生油

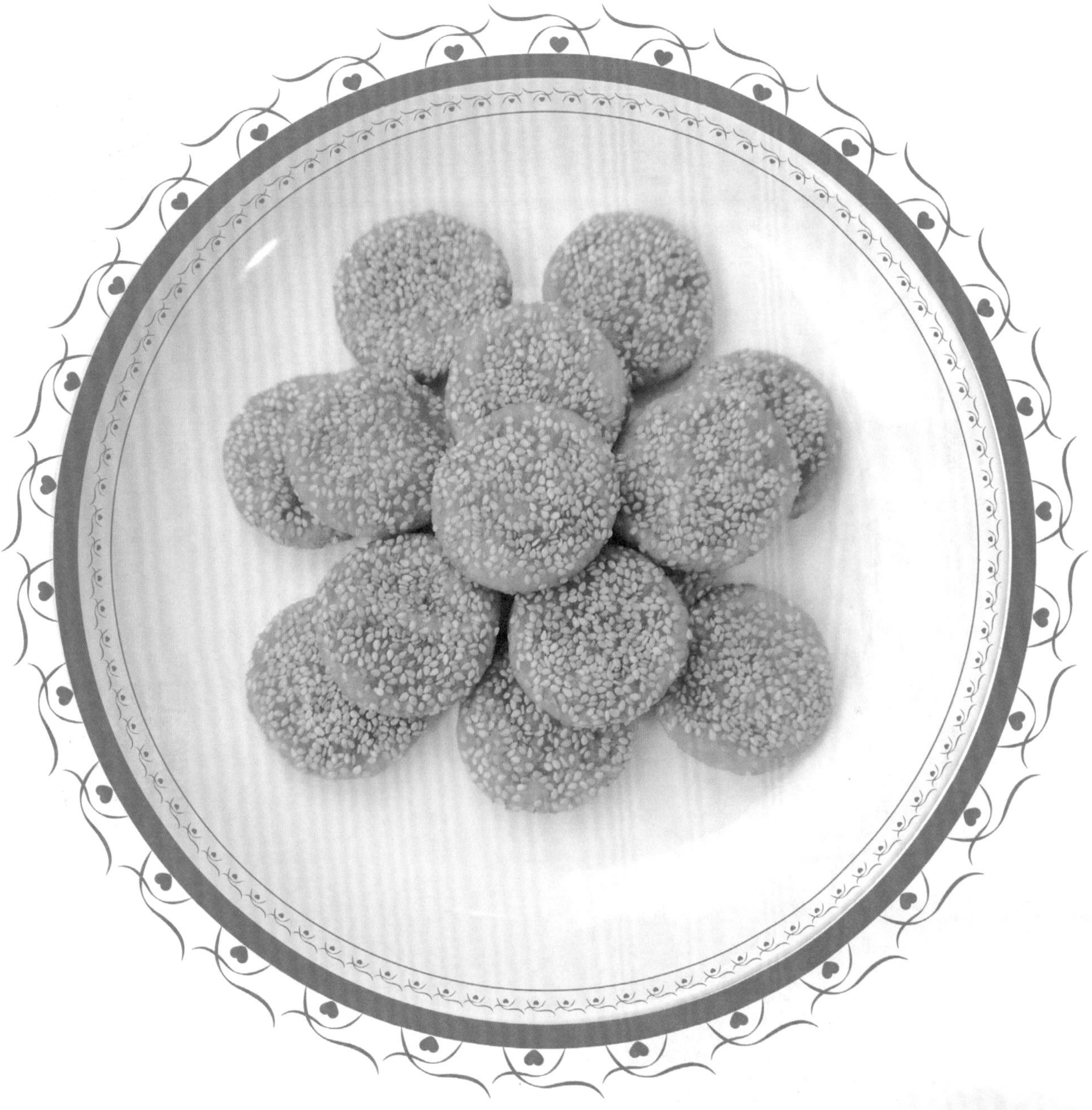

## 炸芝麻土豆饼

**主料：** 鲜土豆 250 克，干糯米粉 250 克，白糖 150 克，白芝麻 120 克

**调料：** 花生油

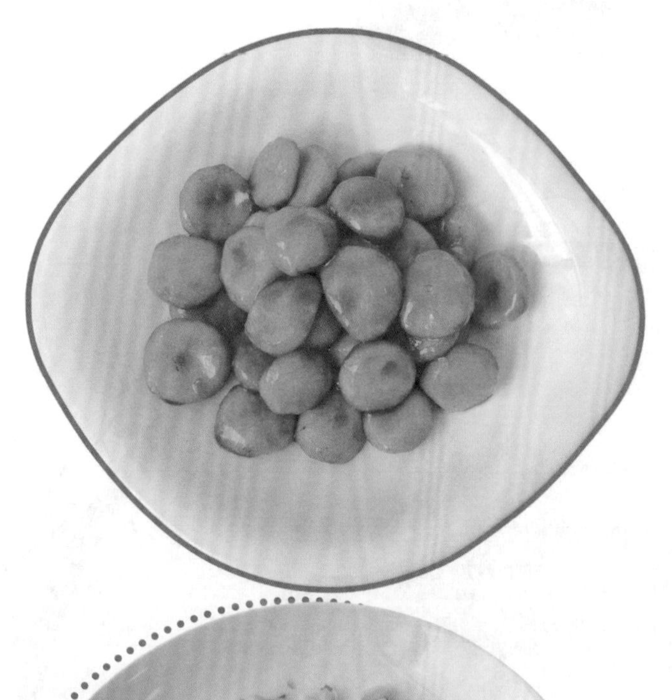

## 蜜汁马蹄

**主料：**去皮鲜马蹄 500 克

**调料：**白糖，蜂蜜，花生油

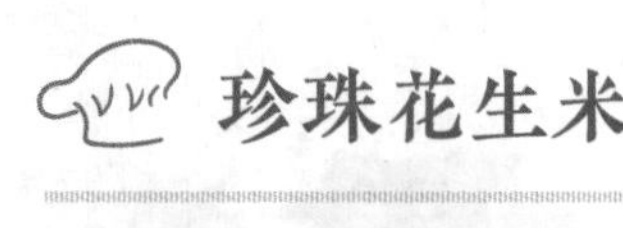

## 珍珠花生米

**主料：**干花生米 600 克

**配料：**青红辣椒 80 克

**调料：**白醋，盐，味精，香油

## 鸡丝黄豆芽

**主料：**鲜鸡脯肉 300 克，嫩黄豆芽 600 克

**调料：**葱姜，花椒，盐，味精，白醋，白抽，甜面酱，鸡蛋，淀粉，花生油

## 香辣山药

**主料：**铁棍山药 700 克，鲜肉末 150 克

**调料：**葱姜，剁椒，生抽，盐，味精，淀粉，花生油

## 鸡丝芝麻香

**主料：**鲜鸡脯肉 500 克，鲜鸡蛋 500 克

**配料：**熟白芝麻 30 克，鲜青红辣椒 50 克

**调料：**葱姜，甜面酱，盐，味精，鸡蛋，淀粉，花生油

## 香辣茄子

**主料：**嫩茄子 1000 克，鲜里脊肉 250 克

**调料：**葱姜，剁椒，盐，味精，生抽，辣椒油，花生油

## 水晶冬瓜球

**主料：**鲜冬瓜 1200 克

**调料：**葱姜，高汤，盐，味精，明油，淀粉

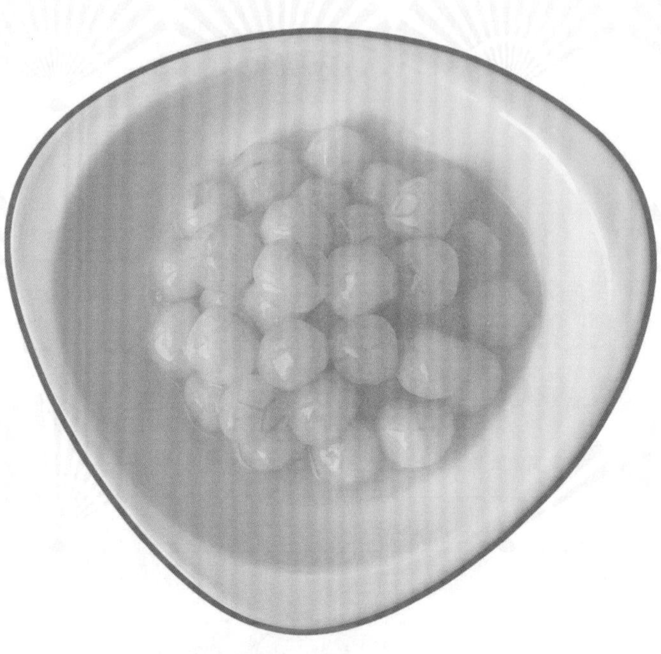

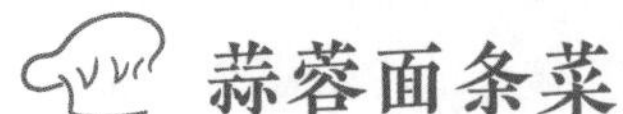

## 蒜蓉面条菜

**主料：**鲜嫩面条菜 700 克，玉米面 200 克

**调料：**大蒜瓣，味达美，香醋，盐，味精，香油，辣椒酱，辣椒油

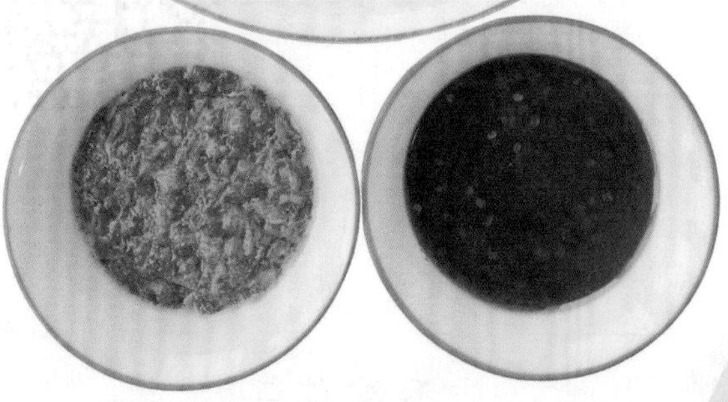

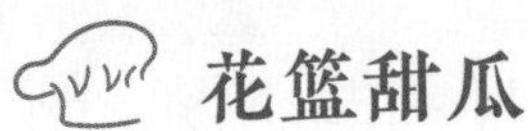

## 花篮甜瓜

**主料：**鲜甜瓜 1 个 1500 克

**配料：**大红樱桃 200 克

**调料：**白糖，蜂蜜，花生油

## 红烧豆腐盒

**主料：**豆腐 1200 克，鲜里脊肉 400 克

**调料：**葱姜，鸡蛋，盐，味精，生抽，糖色，淀粉，花生油

## 京酱肉丝

**主料：**鲜里脊肉 400 克，鲜小香葱 200 克，熟素面饼 260 克

**调料：**葱姜，甜面酱，盐，味精，鸡蛋，淀粉，花生油

## 香辣土豆丝

**主料：**鲜土豆 800 克

**配料：**干辣椒丝 4 克，嫩香菜段 15 克

**调料：**葱姜，盐，味精，味极鲜，白醋，花生油

## 油焖笋尖

**主料：**嫩笋尖 600 克

**调料：**葱姜，干辣椒段，盐，味精，白醋，香油，花生油

## 糯米藕

**主料：**鲜藕 1000 克，干糯米 200 克

**配料：**大红枣 200 克，葡萄干 120 克，嫩香菜叶 30 克，枸杞 20 克

**调料：**白糖，红糖，桂花酱

## 芝麻麻团

**主料：**干糯米粉 600 克，白芝麻 120 克

**调料：**白糖，花生油

## 蟠龙闹海

**主料：**嫩细长黄瓜 6 根，黑豆 12 个，鲜胡萝卜 60 克

**配料：**核桃仁 300 克，干粉丝 80 克

**调料：**生姜，盐，白醋，白糖，花生油

## 凤尾脆萝卜

**主料：**鲜水果萝卜 1200 克

**配料：**生姜 30 克，小米椒 30 克，大蒜末 50 克

**调料：**盐，味精，白醋，白糖，花生油

## 蒜蓉莴苣

**主料：**鲜嫩莴苣 1300 克，大蒜末 70 克

**调料：**盐，味精，白醋，花生油

## 红烧口蘑

**主料：** 鲜口蘑 700 克

**调料：** 葱姜，白糖，盐，味精，淀粉，花生油

## 炸萝卜丸子

**主料：** 鲜水果萝卜 500 克，鲜里脊肉 300 克，干虾皮 60 克

**调料：** 生姜，盐，味精，鸡蛋，干淀粉，花生油

## 蒜蓉茼蒿

**主料：** 鲜茼蒿 1000 克

**配料：** 大蒜末 100 克

**调料：** 盐，味精，白醋，香油，花生油

## 拔丝菠萝花篮

**主料：**鲜菠萝 2 个 2600 克

**调料：**白糖，鸡蛋，淀粉，面粉，花生油

## 养生萝卜

**主料：**细长白萝卜 1500 克

**配料：**鲜肘子骨 800 克，鲜鸡 600 克，鲜鸭 600 克

**调料：**葱姜，盐，味精，白糖，淀粉，花生油

## 爽口三七菜心

**主料：**嫩三七菜心 700 克

**调料：**白醋，白糖，盐，味精，香油

## 茭白炒肉

**主料**：鲜嫩茭白 700 克，鲜里脊肉 200 克

**配料**：青红辣椒 150 克

**调料**：葱姜，盐，味精，白醋，生抽，鸡蛋，淀粉，花生油

## 剁椒花生米

**主料**：干花生米 600 克

**调料**：剁椒，花椒，辣椒油，盐，味精，白醋，白糖，花生油

## 木耳肉末

**主料**：水发木耳 600 克，鲜肉末 150 克

**调料**：葱姜，盐，味精，老抽，生抽，糖色，淀粉，花生油

## 西芹酱牛肉

**主料：**酱牛肉 400 克，嫩西芹 400 克

**调料：**盐，味精，白醋，香油

## 蓑衣茄子

**主料：**鲜嫩细茄子 1000 克，鲜肉末 150 克

**调料：**剁椒，葱姜，盐，味精，生抽，花生油

## 干烧香菇肉

**主料：**水发香菇 400 克，鲜里脊肉 300 克

**调料：**葱姜，八角，白糖，生抽，盐，味精，花生油

## 麻婆豆腐

**主料：**豆腐 800 克，鲜肉末 200 克

**配料：**香葱 50 克

**调料：**葱姜，盐，味精，生抽，豆瓣辣酱，花椒面，辣椒油，花生油

## 辣炒里脊丝

**主料：**鲜里脊肉 600 克

**配料：**青红辣椒 150 克

**调料：**葱姜，盐，味精，鸡蛋，淀粉，花生油

## 西芹腊肉

**主料：**腊肉 400 克，嫩西芹 400 克

**调料：**葱姜，盐，味精，白醋，香油，花生油

## 水萝卜里脊丝

**主料：**鲜里脊肉 400 克，嫩水萝卜 400 克

**调料：**葱姜，盐，味精，白醋，香油，甜面酱，鸡蛋，淀粉，花生油

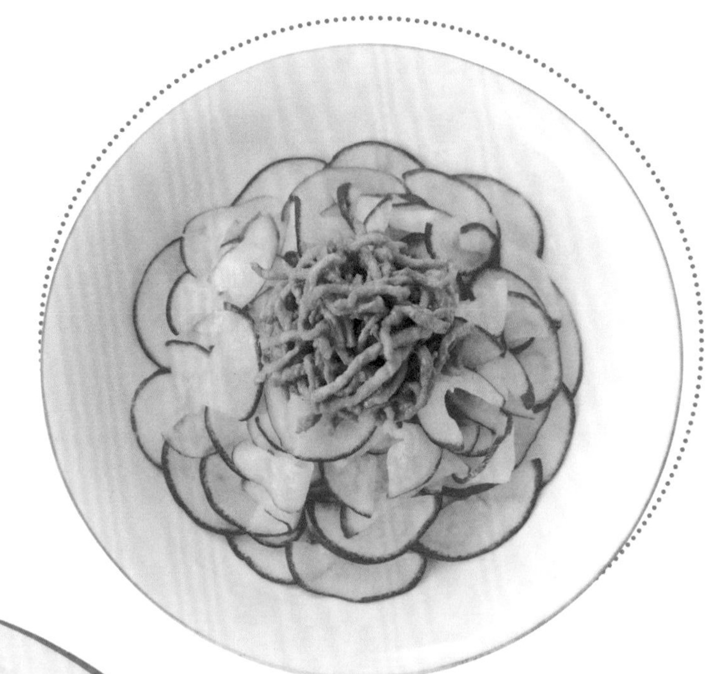

## 米椒肉丝

**主料：**鲜里脊肉 500 克，小米椒 80 克

**调料：**葱姜，盐，味精，生抽，淀粉，鸡蛋，花生油

## 干烧罗汉笋

**主料：**嫩罗汉笋尖 700 克

**配料：**干辣椒段 5 克

**调料：**葱姜，白糖，盐，味精，花生油

## 香辣海鲜菇

**主料：**海鲜菇 700 克，鲜肉末 200 克

**调料：**葱姜，剁椒，生抽，糖色，盐，味精，淀粉，花生油

## 蜜汁银耳

**主料：**干银耳 50 克

**配料：**大红枣 80 克，枸杞 30 克

**调料：**白糖，蜂蜜，淀粉，花生油

## 炸南瓜饼

**主料：**鲜南瓜 250 克，干糯米粉 250 克，白糖 150 克，面包糠 120 克

**调料：**花生油

## 手撕包心菜

**主料：** 鲜包心菜 700 克

**调料：** 葱姜，盐，味精，白醋，香油，花生油

## 炸藕盒

**主料：** 鲜嫩藕 700 克，鲜里脊肉 400 克

**调料：** 葱姜，盐，味精，鸡蛋，淀粉，面粉，花生油

## 香辣菠菜

**主料：** 鲜嫩带根菠菜 1000 克，鲜肉末 150 克

**调料：** 葱姜，剁椒，生抽，盐，味精，香油，花生油

## 蛋花玉米羹

**主料：** 干玉米粗渣 200 克

**调料：** 白糖，鸡蛋

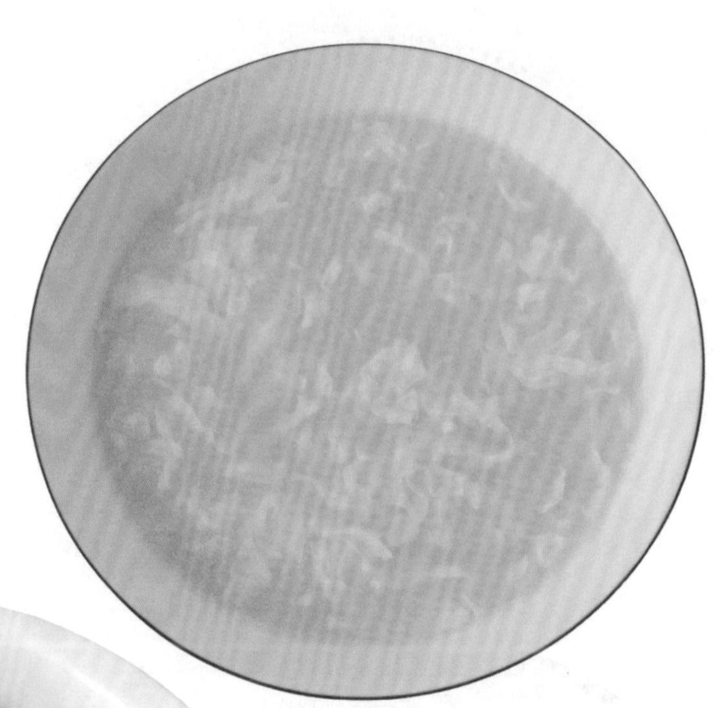

## 油焖茄子

**主料：** 鲜茄子 1000 克，鲜肉末 150 克

**调料：** 大蒜末，盐，味精，生抽，花生油

## 韭薹里脊丝

**主料：** 鲜里脊肉 400 克，嫩韭薹 300 克

**调料：** 葱姜，盐，味精，香油，甜面酱，生抽，鸡蛋，淀粉，花生油

## 蜜汁莲子

**主料：**去皮去心鲜莲子 400 克

**调料：**白糖，蜂蜜，淀粉，花生油

## 粉条豆芽烧肉

**主料：**鲜里脊肉 260 克，黄豆芽 500 克，干粉条 200 克

**调料：**葱姜，干辣椒段，盐，味精，老抽，生抽，花生油

## 香辣黄瓜扭

**主料：**嫩黄瓜扭 700 克，鲜肉末 150 克

**调料：**葱姜，剁椒，盐，味精，香油，花生油

## 蛋黄焗南瓜条

**主料：** 鲜南瓜 700 克，咸鸭蛋黄 3 个

**调料：** 干淀粉，花生油

## 鸡丝绿豆苗

**主料：** 鲜鸡脯肉 400 克，嫩绿豆苗 600 克

**调料：** 葱姜，盐，味精，白醋，香油，鸡蛋，淀粉，花生油

## 蜜汁玉米芯

**主料：** 鲜玉米芯 800 克

**调料：** 白糖，蜂蜜，花生油

## 红烧豆腐泡

**主料：** 豆腐泡 500 克

**调料：** 葱姜，白糖，盐，味精，淀粉，花生油

## 香辣芸豆

**主料：** 嫩芸豆 700 克

**配料：** 干辣椒段 30 克，花椒 8 克

**调料：** 葱姜，盐，味精，白醋，花生油

## 肉末老豆腐

**主料：** 老豆腐 700 克，鲜肉末 150 克

**调料：** 葱姜，剁椒，盐，味精，生抽，淀粉，花生油

## 红烧冬瓜

**主料：**鲜冬瓜1300克

**调料：**葱姜，白糖，盐，味精，淀粉，花生油

## 滑肉荷兰豆

**主料：**嫩荷兰豆600克，鲜里脊肉300克

**调料：**葱姜，盐，味精，白醋，生抽，甜面酱，香油，鸡蛋，淀粉，花生油

## 炸香椿芽

**主料：**鲜嫩香椿芽600克

**调料：**盐，味精，鸡蛋，淀粉，面粉，花生油

## 风味茄子

**主料：**嫩茄子 800 克

**配料：**香菜段 60 克，干辣椒段 30 克，花椒 15 克

**调料：**葱姜，盐，味精，红醋，鸡蛋，淀粉，面粉，花生油

## 虎皮扁豆

**主料：**鲜扁豆 300 克，鲜里脊肉 200 克

**调料：**葱姜，盐，味精，鸡蛋，淀粉，面粉，花生油

## 脆皮山药

**主料：**铁棍山药 1000 克

**配料：**熟白芝麻 12 克

**调料：**白糖，桂花酱，干淀粉，花生油

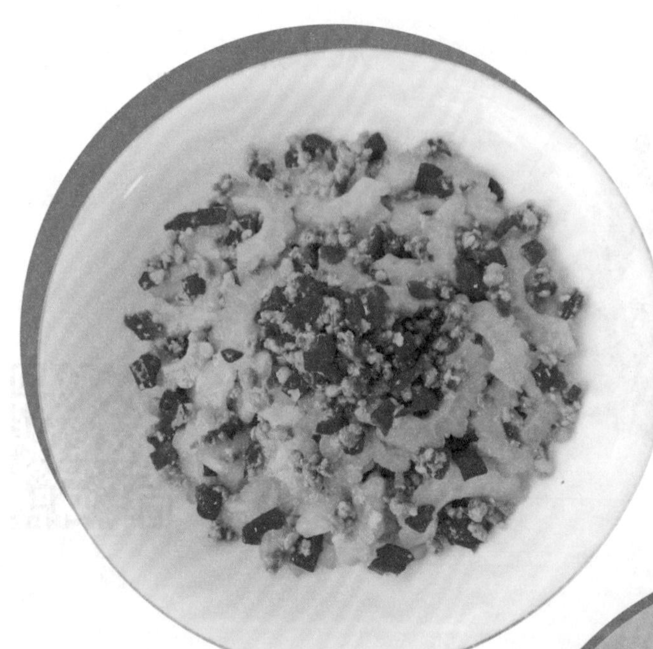

## 香辣苦瓜

**主料**：鲜嫩苦瓜 500 克，鲜肉末 150 克

**调料**：葱姜，剁椒，生抽，盐，味精，香油，花生油

## 面筋炒肉

**主料**：鲜面筋 700 克，鲜里脊肉 250 克

**配料**：香菜段 60 克

**调料**：葱姜，盐，味精，老抽，生抽，花生油

## 腊肉荷兰豆

**主料**：腊肉 400 克，嫩荷兰豆 400 克

**调料**：葱姜，盐，味精，白醋，料酒，香油，花生油

## 松子玉米

**主料：**桶装玉米粒 600 克，干松子 100 克

**调料：**白糖，淀粉，花生油

## 锅塌豆腐

**主料：**豆腐 600 克

**配料：**嫩苦菊叶 30 克

**调料：**葱姜，盐，味精，料酒，鸡蛋，淀粉，面粉，花生油

## 金针鸡丝

**主料：**鲜金针菇 600 克，鲜鸡脯肉 300 克

**配料：**嫩香菜 50 克

**调料：**葱姜，盐，味精，甜面酱，生抽，鸡蛋，淀粉，花生油

## 滑肉菜花

**主料**：嫩菜花 600 克，鲜里脊肉 300 克

**调料**：葱姜，盐，味精，白醋，生抽，香油，甜面酱，鸡蛋，淀粉，花生油

## 脆炒山药

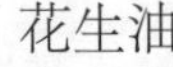

**主料**：鲜山药 600 克，鲜胡萝卜 200 克

**调料**：葱姜，盐，味精，白醋，淀粉，花生油

## 五香黄豆

**主料**：水发黄豆 800 克，鲜肉丁 200 克

**调料**：五香粉，葱姜，干辣椒段，盐，味精，老抽，生抽，花生油

## 炸五香茄子

**主料：**嫩茄子 700 克

**调料：**五香粉，葱姜，盐，味精，鸡蛋，淀粉，面粉，花生油

## 虾皮萝卜丝

**主料：**鲜水果萝卜 600 克，干虾皮 30 克

**调料：**葱姜，白醋，盐，味精，香油，花生油

## 炒豆莛

**主料：**鲜绿豆芽 900 克

**调料：**葱姜，盐，味精，白醋，香油，花生油

## 海米冬瓜汤

**主料：**鲜冬瓜 1000 克，大海米 100 克

**配料：**枸杞 30 克

**调料：**葱姜，盐，味精，高汤

## 土豆肉末

**主料：**鲜土豆 800 克，鲜里脊肉末 200 克

**调料：**葱姜，盐，味精，老抽，生抽，花生油

## 滑肉四季豆

**主料：**嫩四季豆 700 克，鲜里脊肉 300 克

**调料：**葱姜，盐，味精，香油，生抽，甜面酱，白醋，鸡蛋，淀粉，花生油

## 蜜汁山药段

**主料：**铁棍山药 1000 克

**调料：**白糖，蜂蜜，花生油

## 豆角里脊丝

**主料：**鲜里脊肉 400 克，嫩豆角 500 克

**调料：**葱姜，盐，味精，生抽，甜面酱，鸡蛋，淀粉，香油，花生油

## 脆爽黄瓜扭

**主料：**鲜嫩黄瓜扭 1000 克

**调料：**葱姜，小米椒，花椒，香叶，盐，味精，生抽，香醋，白糖

## 香辣三丝

**主料：**鲜里脊肉 300 克，鲜包心菜 400 克，干粉条 200 克

**调料：**葱姜，剁椒，盐，味精，生抽，花生油

## 姜丝苦瓜

**主料：**鲜嫩苦瓜 600 克，生姜 100 克

**调料：**盐，味精，白醋，白糖，香油

## 银耳大枣汤

**主料：**干银耳 120 克

**配料：**大红枣 100 克

**调料：**冰糖 350 克，桂花酱 20 克

## 蒜蓉水萝卜花

**主料：**小圆形水萝卜 1000 克

**调料：**大蒜末 80 克，盐，味精，白醋，花生油

## 油焖芸豆

**主料：**鲜嫩芸豆 800 克

**调料：**大蒜末，盐，味精，料酒，白醋，花生油

## 红烧腐竹

**主料：**水发腐竹 700 克，

**调料：**葱姜，花椒，白糖，生抽，盐，味精，淀粉，花生油

## 香辣笋尖

**主料**：嫩笋尖 500 克，鲜肉末 150 克

**调料**：葱姜，剁椒，生抽，盐，味精，淀粉，花生油

## 椿芽小豆腐

**主料**：豆腐 800 克，嫩椿芽 150 克

**调料**：盐，味精，香油

## 红烧杏鲍菇

**主料**：鲜杏鲍菇 700 克

**调料**：葱姜，干辣椒段，白糖，盐，味精，生抽，淀粉，花生油

## 清炒菜心

**主料：**鲜嫩菜心 700 克

**调料：**大蒜瓣，盐，味精，白醋，料酒，花椒油，花生油

## 香辣黄豆

**主料：**水发黄豆 900 克，鲜里脊肉 200 克

**调料：**剁椒，葱姜，盐，味精，生抽，淀粉，花生油

## 爽口紫甘蓝

**主料：**嫩紫甘蓝 600 克

**配料：**嫩苦菊 100 克，鲜红果 80 克，葱白 60 克

**调料：**白醋，白糖，盐，味精，香油

## 肉末粉丝

**主料：** 鲜肉末 200 克，干粉丝 200 克

**调料：** 葱姜，剁椒，盐，味精，生抽，花生油

## 油焖辣椒

**主料：** 鲜青辣椒 600 克，

**调料：** 葱姜，盐，味精，白醋，花生油

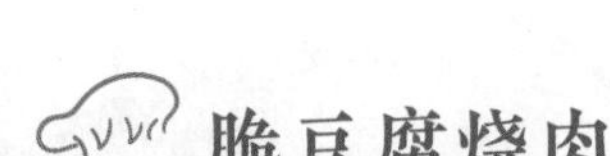

## 脆豆腐烧肉

**主料：** 脆豆腐 500 克，鲜里脊肉 150 克

**调料：** 葱姜，盐，味精，豆瓣酱，生抽，糖色，淀粉，花生油

## 苦瓜里脊丝

**主料**：鲜里脊肉 300 克，嫩苦瓜 300 克

**调料**：葱姜，盐，味精，香油，甜面酱，生抽，鸡蛋，淀粉，花生油

## 鸡片老豆腐

**主料**：老豆腐 1000 克，鲜鸡脯肉 500 克

**配料**：香葱末 80 克

**调料**：生姜，花椒，辣椒油，剁椒，盐，味精，鸡蛋，淀粉，花生油

## 蒜蓉荷兰豆

**主料**：嫩荷兰豆 700 克，大蒜瓣 100 克

**调料**：盐，味精，白醋，花生油

## 红烧面筋

**主料**：鲜面筋 600 克

**调料**：葱姜，花椒，干辣椒段，白糖，盐，味精，生抽，淀粉，花生油

## 香辣包菜

**主料**：鲜包菜 700 克

**调料**：葱姜，干辣椒段，盐，味精，白醋，香油，花生油

## 海鲜菇炒肉

**主料**：鲜海鲜菇 700 克，鲜里脊肉 200 克

**调料**：葱姜，盐，味精，老抽，生抽，淀粉，花生油

## 香辣脆豆腐

**主料：**脆豆腐500克，鲜肉末200克

**调料：**葱姜，剁椒，盐，味精，香油，生抽，花生油

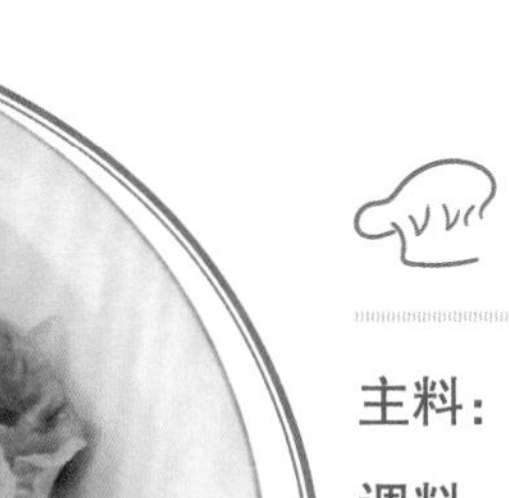

## 滑肉生菜

**主料：**鲜嫩生菜600克，鲜里脊肉300克

**调料：**葱姜，盐，味精，蚝油，甜面酱，生抽，香油，鸡蛋，淀粉，花生油

## 开胃里脊丝

**主料：**鲜里脊肉300克，鲜水果萝卜300克

**调料：**葱姜，剁椒，盐，味精，白醋，香醋，鸡蛋，淀粉，花生油

## 韭薹牛肚

**主料**：鲜牛肚 800 克，嫩韭薹 300 克

**调料**：葱姜，香叶，花椒，白糖，白醋，料酒，生抽，盐，味精，香油，淀粉，花生油

## 菜花海米

**主料**：鲜嫩菜花 600 克，水发大海米 80 克

**配料**：小米椒 40 克

**调料**：生姜，盐，味精，白醋，香油

## 香辣凉皮

**主料**：鲜凉皮 400 克，嫩黄瓜 200 克，鲜肉末 150 克

**调料**：葱姜，剁椒，盐，味精，香油，生抽，花生油

## 清炒脆黄瓜扭

**主料：**嫩黄瓜扭 2000 克

**调料：**葱姜，盐，味精，白醋，香油，花生油

## 虎皮辣椒

**主料：**鲜辣椒 500 克，鲜里脊肉 300 克

**调料：**葱姜，盐，味精，鸡蛋，干淀粉，干面粉，花生油

## 炸豆腐丸子

**主料：**豆腐 600 克，水发大海米 100 克

**配料：**嫩苦菊 50 克，枸杞 20 克

**调料：**生姜，盐，味精，鸡蛋，淀粉，面粉，花生油

## 脆萝卜里脊丝

**主料：**里脊肉600克，水果萝卜500克

**调料：**葱姜，盐，味精，白醋，白糖，生抽，甜面酱

## 爽口花生米

**主料：**干花生米600克

**配料：**嫩西芹60克，小米椒30克

**调料：**白醋，白糖，盐，味精，香油